SRI SATHYA SAI DIVYA KRIPASRAYA

B. N. Narasimha Murthy – Unter dem Schirm göttlicher Gnade

€ 8,-

SRI SATHYA SAI DIVYA KRIPASRAYA

Unter dem Schirm göttlicher Gnade

B. N. Narasimha Murthy

Sathya Sai Vereinigung e.V.

Titel des englischen Originals: Sri Sathya Sai Divya Kripasraya – Under the Umbrella of Divine Grace of Sri Sathya Sai

Aus dem Englischen übersetzt von Barbara Kohnen

Umschlag: Hartmut Balzer

Die Deutsche Bibliothek verzeichnet diese Publikation
in der Deutschen Nationalbibliografie; detaillierte bibliografische Daten
sind im Internet unter http://dnb.ddb.de abrufbar.

ISBN 978-3-932957-41-3

1. Auflage 2007

Sathya Sai Vereinigung e.V., Buchzentrum, Grenzstr. 43, 63128 Dietzenbach
Herstellung: !PS Paul Schrader Print+Media Service, 53757 Sankt Augustin

Unserem innig geliebten göttlichen Meister
Bhagavān Shrī Sathya Sai Baba
gewidmet
in Demut, Liebe und Dankbarkeit

Inhalt

Vorwort

Es ist sowohl eine Ehre als auch eine Segnung, einige Zeilen zu „Sri Sathya Sai Divya Kripasraya“ schreiben zu dürfen – eine Ehre, die mir der liebe Narasimha Murthy aus Gründen, die er wohl besser kennt als ich, zukommen lässt, und eine Segnung, dass ich für diese Aufgabe als würdig betrachtet werde. Die folgenden bezaubernden und erleuchtenden Seiten führen uns durch seine Träume und sein Suchen, durch sein Streben und seine Erfüllung.

Seine Lebensreise zu *Bhagavān*, eine Reise wie die des Flusses, der das Meer im Irgendwo zu erreichen sucht, ist sowohl eine Freude als auch eine Inspiration. Keine Geschichte ist so süß wie die über das Zusammenkommen von *Bhagavān* und seinem „Devotee“. Der Augenblick, in dem der Herr ruft und der „Devotee“ ihn findet, bietet den Beweis für eine großartige Planung, die das menschliche Streben umhüllt.

An Narasimha Murthys Geschichte vom „Finden“ teilzuhaben, ist reinste Freude; sein Leben mit *Bhagavān* erreicht uns als Licht – als helles, klares Licht. Hell, um vielen von uns den Weg zu zeigen, und klar, damit wir ihn gehen können. Für mich ist und bleibt seine Verbindung mit *Bhagavān* ein Unterricht ohnegleichen, ein Unterricht für ein ganzes Leben. Während ich viele Male mit ihm zusammensaß, habe ich Lektionen darüber gelernt, wie man ein rechtschaffenes und aufrechtes Leben führt; es waren einfache Lektionen, die dennoch voller Tiefe und schwierig waren. Diese Lektionen, die nun Teil dieses Buches sind, werden für mich Kostbarkeiten bleiben, die ich in Ehren halte und in denen ich weiterhin „Nahrung“ finde. Für viele andere, in deren Hände dieses Buch gelangt, wird es Freude und Glück sein, sich daran zu erfreuen und zu bereichern.

Ihnen allen gilt meine Liebe und Ehrerbietung.

Januar 2004

C. Sreenivas
Brindavan, Bangalore – 67

Vorbemerkung

Der *Avatar* ist ein Geheimnis, das nicht enträtselt werden kann, selbst dann nicht, wenn sich die gesamte Menschheit zusammentun würde, um es aufzudecken. Dennoch kann jedermann, ungeachtet von Alter, Kaste, Geschlecht, Sprache, Religion und Nationalität, die nektargleiche Süße des Avatars, der fürwahr die Verkörperung der Liebe ist, in den tiefsten Winkeln seines Herzens erfahren. *Bhagavān* Baba erklärt: „Lasst mich euch sagen: Die bedeutsamste und wichtigste Kraft ist meine Liebe. Ich mag den Himmel in die Erde verwandeln und die Erde zum Himmel machen, aber das ist kein Zeichen göttlicher Macht. Das einzige Zeichen göttlicher Macht ist *Prema*, Liebe."

Dieses Buch ist für all die, die Gott lieben. Bei den Neugierigen wird es den Geschmack für das göttliche Leben erwecken. Dem durch Idealismus angefeuerten jungen spirituell Strebenden wird es Vertrauen und Bestätigung geben, dass auch er es bis zum Ziel schafft, ganz gleich wie unbeständig und wankelmütig er auch zu Beginn sein mag. Dem Pilger auf dem göttlichen Pfad wird es die Fallgruben auf dem Weg zeigen, vor denen er sich hüten muss, um Störungen, Umwege und Verzögerungen zu vermeiden; und es zeigt ihm auch, wie man die Reisegeschwindigkeit auf vernünftige und angenehme Weise erhöhen kann. Die Devotees werden Freude im Herzen empfinden, wenn sie über die vielfältige und unendliche Herrlichkeit Sais lesen. Denen, die mit der göttlichen Nähe gesegnet wurden, wird es viele Erinnerungen ihrer eigenen süßen Beziehung zum Avatar unseres Zeitalters, *Bhagavān* Shrī Sathya Sai Baba, in Erinnerung rufen.

In diesem autobiographischen Bericht hat mein geliebter Sai-Bruder und geschätzter Kollege, Shrī B.N. Narasimha Murthy, Heimleiter des Sri Sathya Sai Studentenwohnheims in Brindavan, seine spirituelle Reise mit *Bhagavān* Baba über einen Zeitraum von 40 Jahren, seit 1965, aufgezeichnet. Das Buch endet mit der Ankunft des Autors in *Prasanthi Nilayam* im Jahre 1983, als er Heimleiter des dortigen Studentenwohnheims wurde. Die Reise vom Skeptiker und ausgesprochenen Kritiker zum Devotee, von einem frommen Leben zu einem mit Gott vereinten und seiner glorreichen Mission hingegebenen Leben, war eine lange Reise voller Entzückungen und Todesqualen. *Bhagavān* hatte ihm schon sehr früh im Leben versichert: „Swami wird dich näher und näher heran holen. Er wird dir die glückliche Gelegenheit geben, ihm zu dienen."

Der Autor betont, dass die Gelegenheit, Gott zu dienen, das größte Geschenk ist, das der Avatar spirituell Strebenden zuteil werden lässt. Einem seiner Bediensteten, der in den Himalaya davonlaufen wollte, weil er die falsche Vorstellung hatte, dass Dienst für Gott ein Hindernis für sein spirituelles Weiterkommen sei, enthüllte *Bhagavān* in einer tiefgründigen Aussage: „Swami ist hier und du willst dorthin (in den Himalaya) gehen? Du hast die Gunst, Swami zu dienen als Ergebnis vieler asketischer Leben erworben. Vergeude diese Gelegenheit nicht, sonst bereust du es später. Verrichte deine dir auferlegten Pflichten mit Eifer und Hingabe. Du wirst alles erreichen. Zweifle nicht daran!" *Bhagavān* Babas Leben ist seine Botschaft an die Menschheit. Weilt er nicht unter uns und dient uns für unsere eigene Befreiung?

Shrī Narasimha Murthy ist durch und durch Pädagoge. Durch *Bhagavān* Babas Erziehungsphilosophie inspiriert wurde die Charakterbildung der ihm anvertrauten Schüler seine Leidenschaft und Lebensaufgabe. *Bhagavān* Baba sagt: „Für einen Lehrer sind die eigenen Kinder *Kāmaputras*, aber seine Studenten sind seine *Premaputras.*" Dies war das Vorbild in den alten *Gurukulas*. Das Leben eines Lehrers ist zwangsläufig mit dem Leben seiner Schüler verflochten. Der Autor berichtet in diesem Buch über mehrere rührende Erfahrungen mit seinen Schülern. Ich könnte noch viele mehr hinzufügen.

Vieles in diesem Buch spielt in der malerischen Gegend des ländlichen Karnataka (ein Bundesstaat in Südindien). Narasimha Murthy ist zweifelsohne ein Naturliebhaber. Es war ein großer Gewinn für ihn, in der Natur zu leben, wo er das Feingefühl für die Menschen und ihre Probleme erwarb, eine Eigenschaft, die heute so entscheidend ist für ein Leben, das dem Dienst an der Gesellschaft gewidmet ist.

Das Buch vermittelt dem Leser Einblicke in die Geschichte und Arbeit von zwei Lehranstalten *Bhagavān* Babas in Karnataka: Alike und Muddenahalli. Diese beiden Institutionen verdanken ihre Existenz der Pionierarbeit von Shrī Madiyal Narayan Bhat, einem glühenden Devotee von *Bhagavān* Baba und einer begnadeten Persönlichkeit. Shrī Madiyal Narayan Bhat war sowohl Idealist als auch Realist. Seine Hingabe an *Bhagavān* Baba und an sein Mutterland veranlasste ihn, eine Gruppe hingebungsvoller Jugendlicher dazu anzuregen, den Weg des Dienens und des Opfers zu gehen und dabei immer das spirituelle Ziel vor Augen zu haben. Nach Shrī Narayan Bhats frühzeitigem Tod übernahm *Bhagavān* Baba die Institutionen in Alike und Muddenahalli. Bei dieser

Gelegenheit machte *Bhagavān* Baba eine bedeutsame Aussage. Als ein Stiftungsmitglied *Bhagavān* darauf hinwies, dass die Übernahme der Institution auch die Rückzahlung hoher Darlehen mit sich bringe, sagte *Bhagavān*: „Ich übernehme die Institutionen nicht wegen ihrer Gebäude und Gelder, sondern wegen der guten Menschen, die dort arbeiten, wegen ihres Pflichteifers und ihrer Hingabe.“ Durch *Bhagavāns* Gnade und die unermüdlichen Bemühungen der dort lebenden *Tyāga-Jīvis* haben diese beiden Institutionen in Indien ein gutes Ansehen auf dem Erziehungssektor erworben.

Shrī Narasimha Murthy hat das Buch mit einer Aufrichtigkeit und Offenheit geschrieben, die uns an Gandhis Autobiographie „Meine Experimente mit der Wahrheit“ erinnern. Sein Buch wird bereichert durch seine Einblicke in eine Weisheit, die er in den Jahren seiner Verbindung mit *Bhagavān* Baba erlangte. Seine praktischen Ratschläge für junge Aspiranten und Devotees werden, wenn sie zu Herzen genommen und praktiziert werden, uns näher zu unserem Ziel bringen. Bis jetzt haben nur seine Studenten und Kollegen und einige Devotees von Shrī Narasimha Murthys Erfahrungen mit *Bhagavān* Nutzen ziehen können. Ich freue mich, dass er durch dieses Buch seine Erfahrungen mit einem viel größeren Kreis von Sai-Devotees teilt.

Was ist „history“ (Geschichte)? Es ist „His Story“ (Seine Geschichte) – die Geschichte des Herrn. „Become a part of my history“ (werdet Teil meiner Geschichte), sagt *Bhagavān*. Dies ist das einzigartige Glück der Zeitgenossen eines *Avatars*, die beschlossen haben, sich um ihn zu versammeln und durch ihr Teilnehmen an seiner göttlichen Mission Erfüllung in ihrem Leben zu finden. Dieses Buch ist ein anschaulicher Bericht über eine solche Geschichte des Glücks und der Erfüllung.

01.01.2004

Sanjay Sahni
Principal,
Shrī Sathya Sai Institute of Higher Learning,
Brindavan Campus

Danksagung

Ich möchte Shrī C. Sreenivas für sein wunderbares Vorwort danken, wie auch Shrī Sanjay Sahni, Rektor des Sri Sathya Sai Institute of Higher Learning, Brindavan, für seine Vorbemerkung im Namen des Sri Sathya Sai Forschungszentrums, Brindavan.

Meine große Dankbarkeit gilt Shrī Ganagadhar Bhat, Vorsitzender der Sri Sathya Sai Loka Seva Stiftung, Alike, Shrī B. Narayana Rao, Sekretär der Sri Sathya Sai Loka Seva Stiftung, Muddenahalli, und vielen meiner früheren Kollegen in den Sri Sathya Sai Loka Seva Institutionen in Alike und Muddenahalli dafür, dass sie mich ermutigten, dieses Buch zu schreiben und mir halfen, diese Aufgabe zu erfüllen. Sie haben auch viele wichtige Fotos für dieses Buch zur Verfügung gestellt.

Ich bin Shrī K. Vasantha Raj, meinem Freund vom Sathya Sai Grama in Muddenahalli, dankbar dafür, dass er mit äußerster Sorgfalt das Manuskript durcharbeitete und viele nützliche Änderungen vorschlug.

Besonderer Dank gilt meinen guten Freunden Shrī V.N. Prahlad, Shrī G.M. Ananta Murthy und Prof. Shrī Ramachandra Murthy dafür, dass sie das Manuskript durchlasen und wertvolle Vorschläge machten.

Der Photograph Shrī Kekie Mistry und mein Kollege Dr. C.N. Sundaresan haben mir bereitwillig einige ihrer Photos für das Buch zur Verfügung gestellt, und unser Absolvent Shrī M. Sai Roopak hat mir geholfen, die Photos im Buch einzuordnen. Ich danke ihnen aufrichtig.

Meine jungen Kollegen in Brindavan, Shrī S. Sai Manohar und Shrī K. Raghupati Rao haben mir ihre Dienste am Computer zur Verfügung gestellt. Dafür bin ich ihnen dankbar.

Mein geschätzter Kollege Shrī Ruchir Desai hat in kompetenter Weise Druck und Veröffentlichung koordiniert. Shrī S.G. Ajay, geschäftsführender Partner von P.M. Offset Printers, war vor zwei Jahrzehnten einer meiner Studenten in Muddenahalli. Er übernahm den Druck des Buches aus Liebe zur Sache und er hat es gut gemacht. Ich danke beiden aufrichtig.

01.01.2004

B.N. Narasimha Murthy
Brindavan, Bangalore – 67

Unter dem Schirm göttlicher Gnade

Madiyal Narayan Bhat – unser „Anna“

1. Das verlorene Lamm kehrt zu seinem Herrn zurück

Im Oktober 1965, in meinem zwanzigsten Lebensjahr, geschah etwas, das den Verlauf meines Lebens veränderte. Es war meine erste Begegnung mit *Bhagavān* Shrī Sathya Sai Baba in *Prasanthi Nilayam*, Puttaparthi. Zu jener Zeit studierte ich an der Technischen Universität in Bangalore und absolvierte das vorletzte Jahr des fünf Jahre dauernden Ingenieur-Lehrgangs. Es war Madyal Narayan Bhat, der angesehene Erziehungswissenschaftler Karnatakas, der mich dazu veranlasste, nach Puttaparthi zu fahren. Von seinen Studenten und Anhängern wurde er liebevoll „Anna", „älterer Bruder", genannt. Er war ihnen wirklich ein älterer Bruder.

Schon bevor ich Anna traf, hatte ich von einigen Leuten über Sai Baba in Puttaparthi gehört. Aber vieles davon war boshafte Kritik an Sai Baba. Darum war auch meine Einstellung ihm gegenüber von Unglaube und Spott geprägt. Im September 1965 nahm ich mit einigen meiner Studienkollegen an einem Treffen des von Anna ins Leben gerufenen „Thinker's Forum" (Forum der Denker) teil. Hauptziel dieses Forums war es, in den Jugendlichen, und insbesondere den Studenten, Idealismus zu erwecken. Etwa dreißig Studenten nahmen regelmaßig an den monatlichen Treffen dieses Forums in Bangalore teil. Anna war ein sehr inspirierender Redner, und an diesem Tag sprach er über das derzeit vorherrschende nationale Szenario und die Wichtigkeit der Rolle, die die Jugend bei der nationalen Neubelebung spielt.

Ich war tief beeindruckt von seiner Rede. Seine Annäherung an das Thema war einfach und direkt. Er sprach über die inspirierenden Beispiele von Swami Vivekananda und Mahatma Gandhi. Während seiner Rede machte er eine sehr respektvolle Bemerkung über Sai Baba von Puttaparthi. Der Rebell und der Skeptiker in mir konnten nicht akzeptieren, was er da über Sai Baba sagte. Ich unterbrach ihn und stellte ihm einige Fragen über Sai Baba. Meine Unterbrechung störte Anna nicht, und er beantwortete meine Fragen sehr geduldig. Aber ich war nicht überzeugt und machte deshalb einige spitze Bemerkungen über Sai Baba; ich sagte, dass ich ein Student der Wissenschaften sei und nicht akzeptieren könne, was er über Sai Babas Wunder berichte, insbesondere wenn es darum ginge, Dinge aus dem Nichts zu materialisieren. Ich hatte offensichtlich meine Besonnenheit verloren, aber er nicht. Anna fragte mich: „Haben Sie Sai Baba gesehen?"

„Nein!", antwortete ich. Meine Stimme und die Art, wie ich „Nein" sagte, machten deutlich, dass ich nicht daran interessiert war, Sai Baba zu sehen!

Er fragte weiter: „Haben Sie irgendwelche Bücher von Sai Baba gelesen?"

„Nein!"

„Haben Sie irgendwelche Bücher über Sai Baba gelesen?"

„Nein!"

„Haben sie irgendetwas über Sai Baba gehört von Leuten, die ihm ergeben sind?"

„Nein! Sie sind der Erste!" Meine Antwort machte meine Abneigung gegen Devotees von Sai Baba deutlich.

Anna lächelte und fragte mich: „Darf ich bitte Ihren Namen erfahren?"

„Narasimha Murthy", sagte ich lässig.

„Narasimha Murthy, Sie sagen, Sie sind ein Student der Wissenschaften. Sie haben Sai Baba weder gesehen noch etwas über ihn gelesen. Sie haben nichts von seinen Devotees oder Bewunderern über ihn gehört. Offensichtlich haben Sie alles, was Sie über ihn wissen, von seinen Kritikern gehört. Verhalten Sie sich wissenschaftlich, wenn Sie dann ein Urteil über ihn fällen?"

In seiner Stimme waren weder Heftigkeit noch Sarkasmus. Im Gegenteil, sie war voller Liebe und Zuneigung. Ich war völlig entwaffnet und wusste nicht, wie ich seine Frage beantworten sollte. Aber es war offensichtlich, dass Anna mein Unbehagen nicht gefiel. Ohne meine Antwort abzuwarten, fuhr er fort: „Ich würde vorschlagen, dass Sie Sai Baba erst selbst sehen sollten und sich dann Ihr Urteil über ihn bilden!"

Seine Stimme war auffallend frei von jeglicher Art von Triumph. Doch ich hatte das Gefühl, dass ihm mein Dilemma Unbehagen bereitete. Er sagte: „Ich mag Ihre Offenheit und Ihr direktes Wesen. Wenn Sie Zeit haben, dann kommen Sie doch freundlicherweise nach der Versammlung zu mir."

„Ja, Sir, danke!“, sagte ich erleichtert.

Nach einer Weile wurde die Versammlung beendet. Danach sprach Anna mit mir und meinen beiden Studienkollegen. Mit einem tiefen Verständnis beantwortete er alle unsere Fragen. Die Unterredung dauerte fast zwei Stunden. Ich muss sagen, am Ende war ich völlig von Anna angetan. Meine Skepsis gegenüber Sai Baba konnte ich zwar nicht überwinden, aber ich war gewillt, nach Puttaparthi zu fahren und ihn zu sehen. Zum Schluss sagte Anna: „Ich fahre nächsten Monat wieder nach Puttaparthi. Wenn es Ihnen passt, können Sie mitkommen.“

Ich nahm die Einladung sehr gerne an. Und so war der Eifer in meinem Herzen geweckt und wuchs von Tag zu Tag.

Es war mein Studienkollege und Freund Prabhu, der mich eingeladen hatte, Anna kennen zu lernen und am Treffen des „Thinker's Forum“ teilzunehmen. Er war schon mehrere Male in Puttaparthi gewesen und war ein Devotee von Sai Baba geworden. Nach einem Monat sagte Prabhu zu mir, dass Anna am nächsten Tag nach Puttaparthi fahren würde und dass wir uns ihm entweder in Bangalore oder in Puttaparthi anschließen könnten. Prabhu und ich beschlossen, am Tag nach Annas Ankunft in Puttaparthi loszufahren. Inzwischen hatte Anna mir aus seinem Zentrum in der Nähe von Mangalore, das etwa 320 Kilometer von Bangalore entfernt liegt, einen sehr liebevollen und langen Brief geschrieben. Der Brief spiegelte sein aufrichtiges Interesse an unserem nationalen Wohl wider und enthielt die Pläne seiner Organisation, *Loka Seva Vrinda,* zur Förderung der nationalen Sache; er zeigte reichlich Bewunderung für meinen Idealismus im Leben. Dieser Brief stärkte das Band der Liebe und des Respekts für Anna in meinem Herzen.

Prabhu und ich fuhren frühmorgens von Bangalore los in Richtung Puttaparthi und erreichten, nachdem wir zweimal umgestiegen waren, Bukkapatnam. Bukkapatnam war ein großes Dorf, das durch eine vierzehneinhalb Kilometer lange Straße mit Puttaparthi verbunden war. Wenn man aber durch das trockene Flussbett ging, das die beiden Dörfer voneinander trennte, dann waren es weniger als fünf Kilometer. Wir gingen mit unseren Reisetaschen die Strecke in der heißen Sonne, überquerten den Chitravathi-Fluss, der zu dieser Zeit kaum Wasser hatte, stapften durch die engen Gassen von Puttaparthi und erreichten gegen Mittag Prasanthi Nilayam. Wir gingen geradewegs zum *Mandir,* wo Sai Baba lebte. Damals war es eher eine zweigeschossige Villa als ein *Mandir*.

Prasanthi Nilayam

1983

2003

Prasanthi Nilayam Mandir

1960

1980

2000

Etwa vierhundert Männer und Frauen standen still vor dem *Mandir*. Männer und Frauen waren durch einen Kreis, in dem ein Lotos aus Zement stand, voneinander getrennt. Erwartung spiegelte sich in ihren Gesichtern wider, und ihre ganze Aufmerksamkeit galt der Tür zu dem Raum auf der ersten Etage auf der linken Seite des Gebäudes. Später erfuhr ich, dass dies der Raum war, wo Sai Baba wohnte. Viele Leute standen dort mit gefalteten Händen. Die Atmosphäre war mit so viel Hingabe erfüllt, wie ich es noch nie irgendwo erlebt hatte. Was mich noch mehr verwunderte, war die Intensität der Hingabe, die einer lebenden Persönlichkeit entgegengebracht wurde[1]. Es herrschte absolute Stille. Prabhu stand mit gefalteten Händen und geschlossenen Augen neben mir. Ich war hungrig und müde, denn wir hatten seit frühmorgens nichts mehr gegessen. Doch die Aussicht, Sai Baba zu sehen, hielt mein Gemüt wach. Einen Augenblick später erwachte Prabhu aus seiner Träumerei und sagte, dass Sai Baba aus seinem Zimmer kommen und zum Mittagessen in den Speisesaal auf der rechten Seite des Gebäudes gehen werde. Die beiden Räume waren durch einen etwa zwölf Meter langen Flur miteinander verbunden. Die Devotees warteten nun auf seinen *Darshan*, wenn er diesen Flur entlang gehen würde. Ich fragte Prabhu, ob Sai Baba am Morgen keinen *Darshan* gegeben hatte und war verwundert zu erfahren, dass Baba an diesem Morgen fast vier Stunden mit den Devotees zusammen gewesen war, *Darshan* und Interviews gegeben und am Bhajan-Singen, das gerade im Erdgeschoss zu Ende gegangen war, teilgenommen hatte; danach war er hochgegangen.

Sai Babas Erscheinen hatte eine elektrisierende Wirkung auf die Leute um mich herum. Die Devotees reagierten auf sein Kommen mit geflüsterten und auch lauten Rufen wie *„Bhagavān“*, „Swami“ und „Baba“. Manche hielten die gefalteten Hände hoch über ihren Kopf. Die mich umgebende Atmosphäre rief seltsam bewegende Gefühle in meinem Innersten hervor, die mein skeptischer Verstand weder verstehen noch akzeptieren konnte.

Und so begann ein sehr intensiver Konflikt zwischen meinem Herzen und meinem Kopf, der so lange andauerte, bis Sai Baba mich nach zwei Tagen zu sich rief und mit mir sprach. Inzwischen war Baba den Flur entlanggegangen und hatte den Raum auf der rechten Seite betreten. Da

---

[1] Heiligenverehrung in Indien gilt normalerweise den die angebetete Gottheit darstellenden Götterfiguren.

erst merkte ich, dass ich ihn aufgrund meines inneren Aufruhrs gar nicht gesehen hatte. Ich wollte gehen und sah mich um. Doch niemand machte Anstalten zu gehen. Als ich Prabhu ansah, wisperte er: „Baba wird nach dem Essen wieder in sein Zimmer gehen!“, und wandte dann seine Aufmerksamkeit schnell wieder der Esszimmertür zu. Dieses Mal wollte ich die Gelegenheit, Baba zu sehen, nicht verpassen und blickte deshalb konzentriert auf die Esszimmertür, so wie es alle um mich herum taten. Nach einigen Minuten kam Sai Baba heraus, ging sehr langsam zur Brüstung des Flurs und hielt dort an, wo die Männer unten im Hof standen. Sein Gesicht strahlte vor Freude und er bewegte seine rechte Hand mit der Handfläche nach oben in sehr langsamen Kreisen. Ich stand unten, etwa neun Meter von ihm entfernt. Ich hatte das Gefühl, dass er mich geradewegs ansah und lächelte. Nach ein paar Sekunden ging er, immerzu auf die unten versammelten Devotees schauend, weiter über den Flur; dann verschwand er in seinem Zimmer. Die Männer und Frauen verließen den Hof. Als wir hinausgingen, fragte Prabhu mich, warum ich nicht *Namaskāra* vor Baba gemacht hatte, wo er mich doch angeschaut und mir sein segnendes Lächeln geschenkt hatte. Ich konnte seine Frage nicht beantworten; wahrscheinlich war es eine Widerspiegelung meines inneren Kampfes.

Prabhu und ich gesellten uns zu Anna und seinen Begleitern, die in einem provisorischen Schuppen neben der Kantine untergebracht waren. In jenen Tagen mussten die meisten Besucher in Prasanthi Nilayam ohne auch nur ein Minimum an materiellem Komfort auskommen. Aber ich hatte keine Schwierigkeiten, mich der dortigen Lebensart anzupassen. Anna verbrachte viel Zeit damit, meine Fragen über Sai Baba und das Phänomen seiner göttlichen Inkarnation zu beantworten. An den ersten beiden Tagen dauerten diese Sitzungen bis nach Mitternacht. Ich begleitete Anna zu den Morgen- und Abend-*Darshans* im *Mandir*. Sai Baba gab seinen ersten *Darshan* morgens gegen sechs Uhr vom Flur des ersten Stockes aus. Das dauerte nur einige Minuten. Gegen sieben Uhr kam er herunter und ging zwischen den Männern und Frauen umher, die getrennt voneinander im Hof des *Mandirs* saßen. Die Männer hatten auf der Veranda des Erdgeschosses und im abseitig gelegenen Säulengang (die sogenannten Arkaden) auf der rechten Seite des Hofes Platz genommen. Die Frauen saßen in der linken Hälfte des Hofes. Während er bei den Devotees umherging, wählte Baba für gewöhnlich etwa dreißig Männer und Frauen für das heiß begehrte Interview aus, das in dem linken Raum des Erdgeschosses stattfand und aus dem er kam, um *Darshan* zu geben. Dieser „Interviewraum" lag genau unter seinem Wohnraum. Gewöhnlich gab Baba nachmittags nach vier Uhr *Darshan* und Interviews. Bhajans wurden morgens von elf bis zwölf Uhr und nachmittags von sieben bis acht Uhr in der geräumigen Halle im Erdgeschoss gesungen. Während des Bhajan-Singens saß Baba auf dem Thron, der auf einer erhöhten hölzernen Plattform vor den Devotees stand. Nach den Bhajans schwenkte der Priester die *Ārati*-Flamme zuerst vor Baba, dann vor den Götterfiguren und Fotografien auf dem Altar. Nach den Bhajans ging Baba in sein Zimmer.

Anna und ich saßen beim *Darshan* und Bhajan-Singen auf der Veranda. Manchmal ging Anna zum Bhajan-Singen in die Bhajanhalle; ich zog es vor, auf der Veranda zu bleiben. Was uns betraf, so geschah in den ersten beiden Tagen nicht viel. Sai Baba kam während des *Darshans* oder der Bhajans nie in unsere Nähe. Die innere Auseinandersetzung, das Hin und Her zwischen Glaube und Zweifel, machte meinem Gemüt schwer zu schaffen.

Prabhu und ich mussten am dritten Nachmittag nach Bangalore zurückkehren, um am nächsten Tag wieder an den Vorlesungen teilnehmen zu können. Ich war sicher, dass Anna sehr intensiv für mich betete.

Swami auf dem Thron
in der Bhajanhalle

Am zweiten Abend ging ich zum Bhajan-Singen in die Bhajanhalle. Als das Bhajan-Singen begann, kam Sai Baba herein und nahm auf dem Thron Platz. Ich saß etwa sieben Meter von Baba entfernt. Anna saß neben mir. Während eines Liedes wurde ich von heftigen Gefühlsregungen überwältigt und begann zu schluchzen; das Herz hatte den Verstand besiegt. Von da an weinte ich hemmungslos während des gesamten Bhajan-Singens. Anna streichelte zärtlich meine Hände, um mich zu trösten, doch ich war untröstlich. Zum ersten Mal stieg ein Gebet zu Baba aus meinem Herzen empor, in dem ich um Beistand und Führung bat. Mein innerer Konflikt war vorübergehend zur Ruhe gekommen und Frieden umhüllte mein Wesen die ganze Nacht. Anna war sehr glücklich darüber.

Als ich morgens aufwachte, ging der innere Kampf weiter. Wir gingen zum Morgen-*Darshan* und setzten uns, wie gewohnt, auf die Veranda. Hier saßen zwei Reihen Männer sich gegenüber. Sai Baba kam aus dem Interviewraum und ging in den Hof, um *Darshan* zu geben und Leute für ein Interview auszuwählen. Dies war mein letzter *Darshan* bei dieser Reise. Mein Herz sehnte sich nach Babas Führung, während in meinem Kopf der Kampf um Überlegenheit tobte. Baba ging zuerst auf die Frauenseite und dann auf die Männerseite und wählte jeweils einige Devotees für ein Interview aus. Die ausgewählten Männer nahmen vor dem Interviewraum Platz; die Frauen saßen im angrenzenden Hof. Baba betrat die Veranda am Ende des Flurs, gegenüber dem Interviewraum und ging sehr langsam zwischen den beiden Reihen der dort sitzenden Männer entlang. Ich sah ihn an, während er auf uns zukam. An der Wand hinter ihm bemerkte ich ein großes Foto von ihm, wo er auf einem Pferd saß und seine rechte Hand in der *Abhaya*-Geste erhoben hatte.

Dieses Foto war über der Tür des dem Interviewraum gegenüberliegenden Raumes angebracht; beide Räume waren durch die Veranda verbunden, auf der wir saßen. Unter diesem Foto stand der berühmte Vers aus der *Bhagavadgita*: „Ich komme Zeitalter für Zeitalter, um die Guten zu schützen, das Böse zu vernichten und rechtes Handeln in der Welt wiederzubeleben." Vor dem Hintergrund dieses Fotos hatte die Atmosphäre, die Sai Baba schuf, als er auf uns zukam, eine gewaltige Wirkung auf mich. Der Gedanke: „Ist Sai Baba Krishna, der wiedergekommen ist?", schoss mir durch den Kopf.

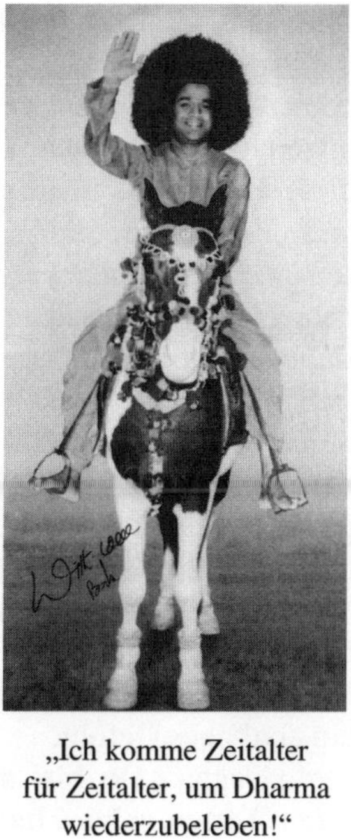

„Ich komme Zeitalter für Zeitalter, um Dharma wiederzubeleben!"

Die Qual in meinem Herzen brach in Form von Tränen aus mir hervor. So sehr ich mich auch bemühte, ich konnte meiner Emotionen nicht Herr werden. Als er kam und dann vor mir stand, legte ich meinen Kopf auf seine Füße und weinte weiter wie ein

Kind. Es war das erste Mal in meinem Leben, dass ich die Füße einer anderen Person ehrerbietig berührte. Bis zu diesem Zeitpunkt hatte ich noch nicht einmal die Füße meiner Eltern berührt. Anna half mir liebevoll hoch und sagte, dass Baba uns zum Interview gerufen habe. Mein Schmerz verwandelte sich sofort in Ekstase, die ebenso unkontrollierbar war. Baba war inzwischen weitergegangen. Anna hielt meine Hand, führte mich bis vor den Interviewraum und hieß mich bei den anderen ausgewählten Männern Platz nehmen. Während wir da saßen und auf unsere Chance warteten, den Interviewraum betreten zu können, flossen Tränen der Ekstase meine Wangen hinunter. Es war seltsam, ich hatte keinerlei Kontrolle über meine Gefühle. Die ganze Zeit über streichelte Anna liebevoll meine Hände. In jenen Tagen nahm Baba immer nur eine kleine Gruppe der Männer und Frauen, die er ausgesucht hatte, mit in den Interviewraum und sprach mit ihnen, während die anderen draußen warteten, bis sie an die Reihe kamen. Manchmal waren es drei oder vier solch kleine Gruppen. Anna und ich waren an diesem Tag in der zweiten Gruppe. Wir waren etwa zwölf Personen. In der nordwestlich gelegenen Ecke des Interviewraumes stand ein Stuhl. Während dieses Interviews saß Sai Baba nicht auf dem Stuhl. Er blieb stehen, und wir standen um ihn herum. Er rollte den rechten Ärmel seines Kleides bis zum Ellbogen hoch, ließ seine Hand mit nach unten gerichteter Handfläche kreisen und materialisierte *Vibhuti*, die er zwischen den Fingerspitzen hielt. Er ließ diese *Vibhuti* in die ausgestreckten Handflächen einiger von uns rieseln und drückte abschließend mit seinem Zeigefinger einen *Vibhuti*-Punkt auf unsere Stirn. Es war das erste Mal, dass ich sah, wie Baba Dinge aus dem Nichts materialisierte. Was mich jedoch viel mehr berührte, war seine überströmende Liebe zu uns. Mit viel Zuneigung erkundigte er sich nach dem Wohlergehen von einigen aus unserer Gruppe. Dann schob er den Vorhang des Durchgangs in der südöstlichen Zimmerecke beiseite und nahm eine Familie mit in einen anderen Raum, um dort privat mit ihnen zu sprechen. Als ich an der Reihe war, wurde ich alleine in den Raum geführt. Ich entdeckte, dass der angrenzende Raum ein Treppenhaus war. Er stand am Fuße der Treppe und ich ihm gegenüber. Sein liebevolles Lächeln berührte die weichste Stelle in meinem Herzen. Er sah mich an, als kenne er mich seit vielen Zeitaltern. In mir erwachte ein ähnliches Gefühl.

Er sagte: **„Du bist spät hierher gekommen, weil du auf die falschen Dinge gehört hast, die andere sagten. Das ist in Ordnung! ...**

Du hast Verdauungsbeschwerden,... nicht im Magen, sondern im Kopf!“

Er lächelte herzlich und fuhr fort: „Du machst dir zu viele Sorgen um deine Zukunft. Sorge dich nicht; deine Zukunft liegt sicher in Swamis Händen! Sei glücklich!“

Ich war überwältigt von seiner Liebe und seiner Anteilnahme; und ich war sprachlos ob der Richtigkeit seiner Aussagen. Ich brachte kein Wort über die Lippen, und er erwartete es auch nicht. Er berührte sanft meinen Kopf als Geste des Segens und ging hinaus. Ich folgte ihm. Später rief er Anna alleine zu sich und sprach mit ihm.

Als ich aus dem Interviewraum trat, stellte ich fest, dass der innere Kampf aufgehört hatte. Frieden und Freude erfüllten mein Herz. Indem er mir versichert hatte: **„Deine Zukunft liegt sicher in Swamis Händen!“**, war Sai Baba mein „Swami“, der göttliche Meister geworden!

Swami – der göttliche Meister

2. Verdauungstörung im Kopf

Ich will euch sagen, was Swami mit „Verdauungsstörung“ in meinem Kopf meinte!

Meine Mutter und mein Vater waren Gott sehr ergeben. Selbst heute noch erinnere ich mich sehr deutlich daran, dass während meiner Grundschulzeit jährlich die *„Satyanārāyana-Pūjā“* durchgeführt wurde. Sie wurde mit viel Hingabe zelebriert und war nicht nur ein Ritual. Ich nahm mit großer Begeisterung daran teil, indem ich Vorkehrungen für die *Pūjā* traf und dann während der gesamten Zeremonie neben meinen Eltern saß. Nach der *Pūjā* wurden mehr als 100 Personen in unserem Heim bewirtet.

Meine Eltern ermunterten mich, Tempel zu besuchen und an Festtagen den *Harikathās* zuzuhören. Während des *Rāmanavamī*-Festes, das eine Woche dauerte, hörte ich täglich mit großem Interesse den *Harikathās* zu, und in meinem Herzen schwangen tiefe Gefühle der Hingabe mit für die Geschichten bedeutender Devotees aus Mythologie und Geschichte; diese Geschichten und Lieder prägten sich mir sofort ein. Meine Mutter bat mich oft, ihr die Lieder vorzusingen, die ich gelernt hatte, um sich daran zu erfreuen.

Ich möchte an dieser Stelle einen Vorfall erwähnen, der einen unauslöschlichen Eindruck in mir hinterlassen hat. Er betrifft meine Mutter und es geschah, als ich etwa zehn Jahre alt war. Meine Mutter kochte in der Küche, und aus dem Nichts erschien ein kleiner schwarzer Welpe, der um ihre Füße herumsprang. Ich schnitt Gemüse. Mutter fühlte sich durch den Welpen gestört, doch unsere Bemühungen, ihn hinauszuschicken, waren vergeblich. Sie nahm einen Stock, den sie gerade zur Hand hatte, und gab dem Kleinen einen sanften Klaps auf den Kopf. Der Welpe fiel sofort um und war bewusstlos. Meine Mutter und ich erschraken. Sie besprengte seinen Kopf mit etwas Wasser und wiederholte den Namen Gottes „Nārāyana“. Aber das Wasser brachte den Welpen nicht wieder zu sich, und meine Mutter begann zu weinen; während sie den kleinen Hund liebevoll streichelte, fuhr sie fort, Gottes Namen zu singen: „Nārāyana …, Nārāyana.“ Ich war überwältigt von dem, was da geschah, und rezitierte mit ihr gemeinsam den Namen Gottes. Beide befürchteten wir, dass der Welpe tot war, aber wir fuhren fort, Gott um Erbarmen zu bitten. Wir hatten das Gefühl, dass wir nicht aufgeben durften. Nach ein paar Minuten stand der Welpe auf und begann die Füße meiner Mutter zu lecken.

Natürlich war unsere Freude grenzenlos, und der kleine Welpe wurde ein Familienmitglied! So hatte ich zu den Füßen meiner Mutter in der Küche gelernt, was die Essenz aller Religionen ist. Meine heilige Mutter zeichnete sich durch Vertrauen in Gott und Liebenswürdigkeit gegenüber allen Lebewesen aus. Ich bin stolz, der Sohn einer solchen Mutter zu sein, die die Ideale der wahren indischen Frau verkörperte.

Als ich größer wurde und in die Oberschule kam, wurde irgendwann das seidene Band der Liebe zu Gott zerschnitten, und ich besuchte keine Tempel mehr und nahm auch nicht mehr an religiösen Veranstaltungen teil. Und wenn ich es tat, dann nur weil ich dazu gezwungen war; für mich waren es nur noch leere Rituale. Ein wahrscheinlich wichtiger Grund, warum ich Gott völlig vergaß, war die Aufmerksamkeit und Bewunderung, die mir wegen meines brillanten Intellekts und meines photographischen Gedächtnisses überall zuteil wurden, und das in einem Erziehungssystem, in dem moralische und spirituelle Ausbildung völlig fehlten.

Als ich die Schule verließ und danach die Ingenieurhochschule in Bangalore besuchte, geriet ich unter den Einfluss der marxistischen Philosophie, was damals bei einigen Schülern und Lehrern eine Leidenschaft und bei anderen eine Modeerscheinung war. Ich sollte vielleicht erwähnen, dass das spontane Mitgefühl für die Armen, das ich von meiner Mutter geerbt hatte, der Grund für meine marxistische Neigung war. Ein flüchtiges Studium von Karl Marx und Lenin machte mich zu einem stolzen Atheisten. Es machte mich sehr stolz und glücklich, nach den Gläubigen unter meinen Studienkollegen und Freunden Ausschau zu halten und sie dann in Streitgespräche über die Existenz Gottes zu verwickeln. Mit dieser neu gefundenen Freude jugendlich intellektueller Arroganz, wobei ich dem utopischen Idealismus einer neuen, von allen Arten an Ungleichheit befreiten Welt frönte, verlief mein Leben fast zwei Jahre lang reibungslos. Aber Gott, zu dem ich in meiner Kindheit ernsthaft gebetet hatte, vergaß und verließ mich nicht, trotz meines Stolzes, Atheist zu sein. Die Gebete meiner Mutter für mich mögen ein weiterer Grund sein, warum Gott mir meine Torheiten vergab. Er schickte zwei seiner schlimmsten Jagdhunde, um mich einzufangen und zu ihm zu bringen. Der eine war die Angst vor dem Tod, die mich plötzlich ergriff. Der andere war das Geheimnis des Lebens in diesem rätselhaften Universum. Beide wurden zur Zwangsvorstellung. Ich konnte sie noch nicht einmal für einen Augenblick aus meinem Denken verbannen. Ich verlor alle Begeisterung am Leben und verbrachte viele schlaflose Nächte. Da war niemand, dem ich mich hätte anvertrauen können. Als ich meine Probleme einem älteren Rektor des Colleges, in dem ich meinen Zwischenkurs absolviert hatte, anvertraute, machte dieser sehr verständnisvoll und mitfühlend einen Termin für mich bei dem Direktor einer psychiatrischen Anstalt, der ein guter Freund von ihm war! Aber ich war sicher, dass mein Gemüt völlig in Ordnung war. Ich wunderte mich vielmehr, dass die anderen nicht von diesen Problemen geplagt wurden, und ich fragte mich, wie sie schlafen konnten ob dieser nackten Realitäten des Lebens.

Fast drei Monate lang führte ich ein entsetzliches Leben voll geistigen Aufruhrs und voller Qualen. Mein Leben wurde undiszipliniert und ungeordnet; ich ging unregelmäßig zu den Vorlesungen. Meine Eltern lebten in einer Stadt, die etwa 65 Kilometer von Bangalore entfernt lag, und ich wohnte in Bangalore im Studentenwohnheim der Ingenieurhochschule. Meine tiefe Bindung zu meinen Eltern ließ mich mein Leiden vor ihnen verbergen. Dass da kein Gott war, zu dem ich beten konnte, verschlimmerte meine Qual noch. Aber der gnädige und mitfühlende Gott wartete gar nicht erst auf meine Gebete. Er sandte einen seiner Engel in Form eines Studienkollegen, um mich aus meinem hoffnungslosen Zustand zu erretten. Er hieß Madhav, und ich hatte ihn das erste Mal während meiner Oberschulzeit in einer benachbarten Stadt getroffen. Ich war dort hingegangen, um meine Schule bei einer Debatte der Oberschulen zu vertreten. Madhav vertrat seine Schule in jener Stadt. Während unserer Schulzeit hatten wir einander drei Mal bei ähnlichen Gelegenheiten in anderen Städten getroffen. In der Ingenieurhochschule wurden wir Studienkollegen, hatten aber während der ersten drei Jahre nicht viel Kontakt miteinander. Es gab keinerlei ideologische Berührungspunkte. Er war ein standfester, unerschütterlicher Anhänger von Shrī *Ramakrishna Paramahamsa* und *Swami Vivekananda*. In jenen Tagen verachtete ich Gläubige und schaute auf sie herab!

Madhav und ich lebten im selben Gebäudeteil des Wohnheims und waren durch drei Räume voneinander getrennt. Wegen meines inneren Aufruhrs führte ich in dieser Zeit ein sehr undiszipliniertes Leben. Meine Bücher, Kleider und andere persönliche Dinge lagen kunterbunt verstreut in dem Zimmer, das ich mit zwei Studienkollegen teilte. Als ich an einem Nachmittag von meinem kurzen Mittagsschlaf erwachte, fand ich zu meiner Überraschung ein sauberes und ordentlich aufgeräumtes Zimmer vor. Meine Zimmerkameraden hatten es nicht aufgeräumt; sie wussten auch nicht, wer es getan hatte. Am nächsten Tag geschah dasselbe! Am dritten Tag wollte ich herausfinden, wer mein Wohltäter war. Ich legte mich aufs Bett, tat als schliefe ich und wartete. Nach etwa einer halben Stunde kam Madhav herein! Er machte das Zimmer sauber, brachte meine Bücher und Kleider an ihren Platz und verließ das Zimmer wieder. Es war mir ein Rätsel, warum er das tat. An diesem Abend suchte ich ihn in seinem Zimmer auf und fragte ihn: „Warum hast du das getan?"

Er lächelte nur und sagte: „Ich mag dich, ich tue das gerne für dich. Nur deshalb!"

Die Wärme in seinen Worten war sehr wohltuend für mein aufgewühltes Herz. Von diesem Tag an entwickelte sich eine Freundschaft zwischen uns.

Wir verbrachten ziemlich viel Zeit damit, über unsere Ideologien zu diskutieren und zu debattieren, obwohl es scheinbar keine Berührungspunkte gab. Eins aber hatten wir gemeinsam: Es war das natürliche Mitgefühl für die Armen und Unterdrückten. Ganz allmählich vertraute ich ihm an, mit welchen inneren Schwierigkeiten und innerem Aufruhr ich zu kämpfen hatte. Er sagte, dass dies Zeichen wahren spirituellen Strebens seien, und dass ich Vertrauen in Gott entwickeln sollte. Ich bestritt diese Behauptung vehement und wollte, dass er mir die Existenz Gottes wissenschaftlich beweise. Er schaffte es nicht, mich zu überzeugen, und ich bombardierte ihn mit den Ideen westlicher Agnostiker und Atheisten, die ich studiert hatte. Er überraschte mich, als er sagte, dass er für mich zu Shrī *Ramakrishna* bete, damit ich Trost und Glück finde!

Eines Abends machten wir nach dem Abendessen einen Spaziergang im nahe gelegenen Cubbon Park[2]. Unsere Argumentationen und Gegenargumentationen zum Thema „Existenz Gottes" zogen sich fast drei Stunden

---

[2] Ein großer Park im Zentrum von Bangalore

lang hin. Am Ende waren wir beide erschöpft. Ich spürte, dass meine geistige Unruhe nun auch ihn ergriffen hatte, weil ich seinen Glauben an Gott erschüttert hatte. Schließlich sagte ich: „Es tut mir leid, was ich dir angetan habe. All meine Logik und mein Rationalismus haben mir keinerlei Glücksgefühl geschenkt. Aber ich habe gesehen, dass dein Glaube an Gott dir Glück und Frieden bereitet, die ich nun gestört habe. Glaub mir, ich will die Wahrheit wissen. Wenn es Gott gibt, und wenn er so barmherzig ist, wie alle Gläubigen behaupten, dann gibt es keinen Grund, dass ich nicht bis morgen früh Glauben finden kann!"

Es war schon nach Mitternacht, als wir ins Wohnheim zurückkehrten. Ich betrat mein Zimmer und knipste die Tischlampe an. Da lag eine Zeitschrift auf meinem Tisch, die Madhav dort liegengelassen hatte, bevor wir hinausgingen. Auf der Titelseite prangte ein wunderschönes Bild von Jesus Christus.

Ich verspürte seltsame Regungen in meinem Herzen. Ohne dass ich es hätte verhindern können, begann ich bittere Tränen zu weinen. Ich knipste die Tischlampe aus und ging zu Bett. Ein überraschendes Gebet kam aus meinem verwirrten Herzen empor: „O Gott! Wenn es Dich gibt und wenn Du barmherzig bist, wie Deine Devotees behaupten, dann sei so lieb und gewähre mir Glauben und Vertrauen!" Ich weiß nicht, wie lange ich in meinem Bett weinte, bis mich schließlich der Schlaf übermannte. Als ich am späten Morgen aufwachte, war das Unglaubliche geschehen. Ich glaubte an Gott und hatte Vertrauen in ihn! Meine drei Monate andauernden geistigen Qualen waren durch das Geschenk des Glaubens von dem All-Barmherzigen beendet worden. Ich lief zu Madhav und erzählte ihm, was geschehen war. Sein Gesicht erstrahlte vor Freude; er umarmte mich und tanzte umher. Es war für uns beide ein Tag zum Feiern. Von diesem Tag an bekam unsere Freundschaft eine neue Bedeutung für mich.

Da ich Interesse für Literatur über *Ramakrishna* und *Vivekananda* an den Tag legte, gab Madhav mir einige Bücher. Das erste Buch, das ich las war *„Jnāna Yoga"* von Swami *Vivekananda*. Ich löschte meinen intellektuellen Durst, indem ich mich über das Mysterium des Todes und das Rätsel der Schöpfung informierte. Später las ich über das Leben *Ramakrishnas*, was den emotionalen Hunger meines Herzens nach dem Gefühl der Verwandtschaft mit Gott stillte. Aber ich konnte mich nicht mit dem Konzept des *Avatars* (d.h. dass Gott als Mensch zur Erde kommt) anfreunden. Es mochte gottesfürchtige Menschen geben, ob es nun Heilige, Propheten oder der Messias waren, aber wie konnte Gott, die unerforschliche und unendliche Kraft, die dieses rätselhafte Universum erhält, als Mensch auf dieser kleinen Erde geboren werden, die doch nur ein winziger Fleck in diesem weiten Universum ist? Natürlich bat ich Gott, er möge mir die Antwort darauf geben. Madhav und ich besuchten den *Ramakrishna-Ashram* in Bangalore, nahmen an den Gebeten teil und sprachen mit den Mönchen. Madhav vertraute mir an, dass er nach seinem Studium dem Mönchsorden des *Ashrams* beitreten wollte. Ich selbst hatte noch nicht beschlossen, was ich in Zukunft tun wollte. Obwohl ich alle Antworten auf meine spirituellen Fragen bei *Ramakrishna* und *Vivekananda* fand, bereitete es mir dennoch Schwierigkeiten, den politischen Idealismus, der mir durch die Marx-Lenin-Ideologie eingeflößt worden war, abzulegen. Ich hatte in Mahatma Gandhi ein neues politisches Idol gefunden. Auch dachte ich darüber nach, wie ich meinen Eltern helfen könnte, die Last einer großen Familie mit elf Kindern zu tragen, die alle aufgezogen und ausgebildet werden mussten. Ich hatte natürlich im Gebet zu Gott ein neues Werkzeug gefunden, das die Turbulenzen meiner Ruhelosigkeit zumindest vorübergehend beruhigte. Doch die Sorgen über meine Zukunft blieben, auch wenn meine Neigung zu Shrī *Ramakrishna* täglich intensiver wurde.

Einige Monate später lud mich ein Verwandter auf seine Farm am Stadtrand von Bangalore ein. Nach dem Mittagessen spazierte ich alleine, mit einem Buch über Shrī *Ramakrishna* in der Hand, zum Kokospalmenhain. Es war ein wunderschöner Tag mit einem wolkenlosen Himmel und einer sanften Brise. Ich setzte mich unter eine Kokospalme und öffnete das Buch aufs Geratewohl. Da war ein schönes Foto von Shrī *Ramakrishna* mit einem freundlich strahlenden Gesicht.

Während ich auf sein Bild schaute, schluchzte ich wie ein Kind und betete zu ihm: „O mitfühlender Meister! Du warst vor 100 Jahren auf der Erde, um eigenwillige Kinder wie uns, die im Meer von *Samsāra* treiben, zu führen. Aber wer ist heute da? Ohne dich sind wir verwaist! Bitte nimm uns an der Hand und führe uns zu dir!“ Dieses Gebet wiederholte sich unaufhörlich einige Tage lang in meinem Herzen. Das war im August 1965. Nach diesem Gebet tat sich einiges. Im September traf ich Anna in Bangalore; er veranlasste mich, nach Puttaparthi zu fahren, um *Bhagavān* Shrī Sathya Sai Baba zu sehen. Als Madhav von meiner Neigung zu Sai Baba erfuhr, versuchte er, mich davon abzuhalten, nach Puttaparthi zu fahren.

„Shrī *Ramakrishna* hat die ernsthaften Sucher davor gewarnt, Menschen nachzulaufen, die Wunder wirken. Gewöhnlich sind diejenigen, die Wunder vollbringen, ‚fehlgeleitete' *Sādhakas* oder ‚gefallene' *Yogis*, die von ihren *Siddhis* geblendet werden; sie haben den heiligen Pfad verlassen, um sich einen Namen zu machen, sich zu vergnügen und berühmt und reich zu werden."

Ich versuchte Madhav dazu zu überreden, Anna zu treffen und mehr über Sai Baba zu erfahren, aber er weigerte sich. Als ich Anna gegenüber diese Warnung *Ramakrishnas* über die Wunder wirkenden Männer erwähnte, lächelte er und sagte: „Was Shrī *Ramakrishna* gesagt hat, ist sehr wahr, wenn es um Yogis und *Sādhakas* geht, die ihr Ziel nicht erreicht haben. Es gilt nicht für *‚Avatare'* und *Siddhapurushas*, die Wunder wirken und dabei das Wohl der Welt im Auge haben und den Samen des Glaubens in den Herzen der Menschen säen. Sehnte sich nicht selbst Shrī *Ramakrishna* nach dem *Darshan* von Shrī *Krishna*, der erstaunliche Wunder vollbrachte? Sai Baba ist ein *Pūrnāvatāra* wie Shrī *Krishna*!"

Der Pūrnāvatāra

Im Oktober 1965 fuhr ich nach Puttaparthi und wurde durch Swamis göttliche Gnade mit seinem *Darshan* und einem Interview *(sambhāshana)* gesegnet.

3. Unter dem Schirm göttlicher Gnade

In Swami hatte ich meinen göttlichen Meister gefunden. Ich brauchte nicht lange, um zu erkennen, dass er mich vorbereitet hatte, bevor er mich zu sich holte. Es war eine Feuertaufe. Je mehr mein Herz sich nach seiner Gegenwart verzehrte, desto mehr beschäftigte ich mich in Gedanken mit ihm. Das bedeutete nicht, dass all meine Zweifel und Fragen verflogen waren. Mein unruhiger Geist, angetrieben von einem scharfen Verstand, spielte immer noch hin und wieder seine Streiche. Gebet und die Wiederholung des Gottesnamens *(nāmasmarana)* halfen mir sehr, und da war ja auch Anna, der stets bereit war, mich zu führen. Aber ich war durch etwa 160 Kilometer von Swami und 240 Kilometer von Anna getrennt. Im Oktober 1965 lagen noch eineinhalb Jahre Ingenieurstudium in Bangalore vor mir. Ich legte großen Wert darauf, wenigstens einmal im Monat nach Puttaparthi zu fahren und niemals einen Festtag zu verpassen.

Während der Feiertage – Swamis Geburtstag, *Shankrānti*, *Mahāshivarātri*, *Gurupūrnimā* und *Navarātri* – konnte ich Anna dort treffen und auch den himmlischen Reden Swamis lauschen. Wenn Swami in seinem Brindavan-*Ashram* bei Bangalore weilte, fuhr ich meist mit Anna dorthin, der aus seinem Dorf Alike bei Mangalore angereist kam.

Wann immer ich an Nicht-Festtagen nach Puttaparthi kam, war Swami sehr freundlich und rief mich zu sich und sprach dann liebevoll und vertraulich mit mir. Die Themen waren immer spirituell und bezogen sich auf das tiefste Sehnen meines Herzens. Er erkundigte sich nicht ein einziges Mal nach meinem Studium oder den Geschehnissen in unserer Familie. In einem der ersten Interviews löste er mein tiefes Dilemma, das aus meiner starken Affinität zu *Ramakrishna Paramahamsa* entstanden war, dadurch, dass er in der Terminologie dieses großen Meisters sprach. Er sagte: **„Mein Sohn, es ist äußerst schwierig *Kamini-Kanchana* zu besiegen! Aber mach dir keine Sorgen; du genießt göttliche Gnade in Hülle und Fülle. Swami wird deinem Gemüt Frieden gewähren.“**

Shrī *Ramakrishna* benutzte oft die Redewendung *„Kamini-Kanchana"*, um die zwei Haupthindernisse auf dem Weg eines Suchenden aufzuzeigen: die Sehnsucht nach sinnlichen Freuden und die Gier nach Reichtum. Auf diese Weise wusste mein Herz, dass Swami auch Shrī *Ramakrishna* in sich barg. Auch das Thema der Einheit aller Religionen lag beiden am Herzen.

Bei einer anderen Gelegenheit gab Swami mir seine göttliche Versicherung: „Dein Streben, ein heiliges Leben zu führen und Erfüllung zu finden, ist sehr stark. Aber deine Eltern haben andere Vorstellungen! Du brauchst dir deshalb keine Sorgen zu machen. Ich werde ihre Meinung ändern!"

Meine Eltern, und ganz besonders meine Mutter, befürchteten, dass ich dem Alltagsleben den Rücken kehren und ein *Samnyāsin* werden könnte.

Swami wird dich immer näher und näher zu sich holen

Im Laufe der Zeit entwickelte sich in meinem Herzen der starke Wunsch, mein ganzes Leben lang bei Swami zu sein, ohne mich in Familienbindungen zu verwickeln. Tag für Tag betete ich zu Swami, er möge mir diese Gunst erweisen. Es war ein inneres Gebet, das ich Swami gegenüber niemals, noch nicht einmal in Worten, zum Ausdruck brachte. Und dennoch reagierte er in einem der ersten Interviews auf mein Gebet. Er sagte zu mir: **„Swami wird dich immer näher und näher zu sich holen! Er wird dir das große Glück gewähren, ihm zu dienen."**

Wenn ich heute zurückblicke, stelle ich fest, dass er all seine Versprechungen gehalten hat. Aber ich habe es leider nicht geschafft, meine Versprechungen ihm gegenüber einzuhalten! Ich kann nur sagen: Das ist der Unterschied zwischen Gott und Mensch!

Swami hat sich nicht nur um meine spirituellen Bedürfnisse gekümmert, sondern auch um meine weltlichen. Sogar während meiner Universitätsjahre hat er auf erstaunliche Weise eines meiner Probleme beim

Studium gelöst und dadurch mein Vertrauen in seine Allmacht gestärkt. Im März/April 1966, sechs Monate nach meinem ersten *Darshan* von Swami, musste ich mein technisches Vorexamen machen. Ich hatte während des gesamten Studiums aus zwei Gründen nicht regelmäßig an den Vorlesungen teilgenommen. Der erste Grund war meine Besessenheit, was Bücher und Zeitschriften anging, die keineswegs mein Ingenieurstudium betrafen. Was mich zu jener Zeit interessierte, waren Literatur, politische Ideologien und politische Denker. Der zweite Grund, warum ich mein Studium vernachlässigte, war mein übergroßes Vertrauen in meine Intelligenz und mein gutes Gedächtnis. Ich arbeitete für gewöhnlich die Prüfungsthemen einen Monat vor den jährlichen Prüfungen durch und erreichte dennoch die besten Noten. Nachdem ich im Oktober 1965 Swami begegnet war, vernachlässigte ich mein Studium gänzlich. Ich verbrachte die meiste Zeit damit, Bücher über und von Swami zu lesen. Ich verpasste auch viele Vorlesungen, wenn ich nach Puttaparthi fuhr. Und wenn ich an Vorlesungen teilnahm, konnte ich mich nicht richtig konzentrieren.

Als das alljährliche Examen im März/April 1966 näherrückte, tat ich mein Bestes, um mich aufs Lernen zu konzentrieren. Drei Tage vor dem Examen versetzte Madhavs plötzliches Verschwinden mir einen Schock. Er hatte eine Nachricht auf seinem Schreibtisch hinterlassen: „Ich mache mich auf die Suche nach der ‚Wahrheit'. Niemand sollte sich meinetwegen Sorgen machen und nach mir suchen!" Ich durchstreifte alle Orte in Bangalore, die er normalerweise aufsuchte, aber ich konnte ihn nirgendwo finden. Von einem Mönch des *Ramakrishna-Ashrams* in Bangalore erfuhr ich, dass Madhav vielleicht nach „Belur *Mutt*" in Kalkutta gegangen war, um dort als *Brahmacārin* dem Mönchsorden beizutreten. Am nächsten Tag fuhr ich in Madhavs Geburtsstadt, 80 Kilometer von Bangalore entfernt, um seine Eltern zu besuchen. Es war herzzerreißend, ihren Kummer mit anzusehen. Madhav war der älteste Sohn der Familie; er hatte vier Geschwister. Die Familie gehörte der unteren Mittelschicht an. Ich teilte ihr Leid und fand, dass niemand seine Eltern und Geschwister, aus welchem Grund auch immer, und mag dieser noch so edel sein, in solch einer Situation verlassen sollte. Ich betete zu Swami, dass Madhav nach Hause zurückkehren möge. Einen Tag vor dem Examen fuhr ich zurück nach Bangalore. Meine Konzentration war auf dem Nullpunkt. Ich versuchte noch zu lernen, so gut ich konnte, und dann die Examensarbeit zu schreiben. Dies waren die schlechtesten Prüfungsergebnisse, die ich je hatte. Bis dahin hatte ich immer ausgezeichnete Noten erzielt. Nach der Prüfung fuhr ich nach Hause. Ich war traurig bei der Vorstellung, wie enttäuscht meine Eltern sicher über meine schwachen Prüfungsergebnisse sein würden. Zwischenzeitlich war Madhav nach vierzehn Tagen nach Hause zurückgekehrt! Die Leiter des „Belur *Mutt*" hatten ihm geraten, er solle erst sein Studium beenden und dann wiederkommen. Seine Rückkehr machte seine Eltern sehr glücklich. Ich war bei ihnen und freute mich mit ihnen.

Ich hatte, wie erwartet und zur großen Enttäuschung meiner Eltern, besonders meines Vaters, nur zweitklassige Noten im Vorexamen bekommen. Mein Vater machte sich Sorgen über meine Zukunft. Ich konnte es nicht ertragen, sein sorgenvolles Gesicht zu sehen und versprach ihm, dass ich beim Schlussexamen im nächsten Jahr eine ausgezeichnete Note erreichen würde. Mein Versprechen munterte meine Eltern etwas auf.

Das letzte Semester begann im Juni 1966. Aber wie sehr ich mich auch bemühte, es gelang mir einfach nicht, mich aufs Studium zu konzentrieren. Ich hatte das Gleichgewicht zwischen „Arbeit" und „Gottesverehrung" nicht erreicht. Ich war wie ein Novize, der versucht, mit der rechten Hand die *Arāti*-Flamme zu schwenken und gleichzeitig mit der linken Hand die Glocke zu läuten. Keins von beiden kann er richtig! Ich musste wählen: entweder „Studium" oder „Swami". Ich vergaß das Versprechen, das ich meinem Vater gegeben hatte und wählte „Swami". Dennoch hoffte ich, dass ich einen oder zwei Monate vor dem Examen im März/April 1967 noch gut lernen könnte, um das Examen mit einer guten Note zu bestehen. Aber das sollte nicht sein!

Einen Monat vor der Prüfung betete ich zu Swami: „Herr, du hast mir versichert, dass meine Zukunft sicher in deinen Händen liegt. Dann ist das kommende Examen deines und nicht meines! Hilf mir, das Versprechen einzuhalten, das ich meinem Vater gab." Ich tat mein Bestes beim Lernen und bei der Examensarbeit. Aber die Leistung lag weit unter dem Durchschnitt und war keineswegs besser als im letzten Jahr. Im Fach Zeichnen konnte ich von 100 Fragen nur 34 beantworten; das Minimum, um die Prüfung zu bestehen waren 35 richtig beantwortete Fragen! Nach dem Examen fuhr ich in einer sehr traurigen Gemütsverfassung nach Hause. Mein besorgter Vater fragte mich, wie es mir im Abschlussexamen ergangen war. Damit er nicht enttäuscht und unglücklich war, sagte ich, dass alles gut gelaufen sei.

Ich war mir sicher, dass ich in einem Fach durchfallen würde und auch in den anderen Fächern war ich nicht gut gewesen. Ich fühlte mich elend, als die Stunde der Wahrheit, nämlich der Tag, an dem die Ergebnisse bekannt gegeben würden, nahte. Ich betete zu Swami und bat um ein gutes Ergebnis, aber meine Zaghaftigkeit, die von der schlechten Leistung während der Prüfung herrührte, beeinträchtigte mein Gebet. Gewiss, ich muss zugeben, es fehlte mir an festem Vertrauen in Swamis Worte.

Eine Woche vor der Bekanntmachung der Ergebnisse gestand ich meinem Vater, dass ich nicht ganz so gut gewesen sei, aber ich hatte nicht den Mut, ihm zu sagen, dass ich das Examen nicht bestanden haben könnte. Er fragte, ob ich wenigstens eine gute Note bekommen würde. Ich bejahte seine Frage, bat aber gleichzeitig Swami um Vergebung, weil ich meinen Vater belogen hatte. Am Tag vor der Bekanntmachung der Ergebnisse wurde ich von Panik und Verwirrung ergriffen. Ich hatte nicht den Mut, meinen Eltern gegenüberzutreten, wenn ich beim Abschlussexamen durchgefallen wäre. Ich war völlig verzweifelt bei der Aussicht, dass ich zum ersten Mal in meinem Leben durch ein Examen gefallen sein könnte, und dann noch eines, auf das es besonders ankam. Ich verließ das Haus in aller Stille und fuhr zu Madhav, der in einer Nachbarstadt wohnte. Ich blieb in jener Nacht bei ihm und vertraute ihm meine Notlage an. Es wurde eine unvergessliche Nacht für meine Eltern und die anderen zu Hause. Sie hatten große Angst und suchten überall in der Stadt nach mir; sie verbrachten eine schlaflose Nacht. Madhav versuchte mich zu trösten und mir Mut zu machen. Wir sprachen fast die ganze Nacht lang. Schließlich sagte ich ihm, dass die göttliche Gnade Swamis meine einzige Hoffnung sei.

Ich hoffte auf ein göttliches Wunder zu meiner Rettung, aber die Furcht quälte mich weiterhin. Madhav überzeugte mich, dass ich am nächsten Morgen nach Hause zurückkehren sollte. Er begleitete mich die 35 Kilometer nach Hause. Als wir am Busbahnhof ankamen, begrüßten uns die Zeitungen an den Zeitungsständen. Doch ich war so pessimistisch gestimmt, dass ich nicht erpicht darauf war, mich über die Prüfungsergebnisse zu informieren. Instinktiv wollte ich den Augenblick hinauszögern, da ich die unangenehme Nachricht erfuhr. Ich sagte Madhav, dass wir diese Zeitungen zu Hause hätten. Auf dem Heimweg kam mir einer meiner jüngeren Brüder mit freudestrahlendem Gesicht und eine Zeitung schwenkend entgegengelaufen. Mit unbezähmbarer Freude rief er: „Bruder, du hast bestanden! Herzlichen Glückwunsch!“

Weder Madhav noch ich selbst konnten das glauben, und ich hörte mein Herz schlagen. Madhav riss meinem Bruder die Zeitung aus der Hand und sah nach. Mein Name stand in der Spalte derer, die bestanden hatten. Er sprang hoch und gratulierte mir. Sofort schossen mir Tränen der Dankbarkeit gegenüber Swami in die Augen. Ich flüsterte Madhav zu: „Das ist ganz sicher Swamis Wunder."

Als wir zu Hause ankamen, feierten schon alle. Sie gratulierten mir zu meinem Examenserfolg. Während der ganzen Zeit sagte mein Herz immerzu: „Swami, ich danke dir! Vergib mir mein fehlendes Vertrauen in deine Worte!"

Am nächsten Morgen ging ich zum Schulbüro und bekam dort mein vorläufiges Examensergebnis ausgehändigt. Bei sozusagen allen Prüfungsthemen hatte ich fünf Punkte mehr erreicht, als ich angestrebt hatte; in „Zeichnen" hatte ich 37 Punkte bekommen, obwohl ich nur 34 Fragen beantwortet hatte[3]. Auf dem Heimweg grübelte ich darüber nach, wie wohl Swami die Gemüter von wenigstens zehn Prüfern beeinflusst haben mochte; ich verlor mich in der Glückseligkeit absoluter Dankbarkeit gegenüber dem göttlichen Meister. Zu Hause angekommen, zeigte ich meinem Vater meine Prüfungsergebnisse; er war außer sich vor Freude über den Erfolg seines Sohnes. Ich erzählte ihm nichts von dem göttlichen Wunder, das mir zu diesem Erfolg verholfen hatte. Aber in dieser Nacht gestand ich meiner Mutter in allen Einzelheiten, wie Swami mir geholfen hatte, mein Examen mit Auszeichnung zu bestehen. Meine weichherzige Mutter war schnell gerührt von der Freundlichkeit, mit der Swami ihren Sohn überschüttet hatte. Sie äußerte den Wunsch, mit mir nach Puttaparthi zu fahren, um Swami ihre Dankbarkeit zu bekunden. Wahrscheinlich wollte sie Swami auch bitten, ihr die Angst zu beseitigen, dass ihr geliebter Sohn ein *Samnyāsin* wird! Sie glaubte sicher, dass nur ein göttliches Wunder ihr ihren Sohn zurückgeben könnte! Ich verneige mich vor dem göttlichen Wunder der Liebe in den Mutterherzen seit Zeitgedenken!

Nach drei Tagen fuhren meine Mutter und ich mit meiner drei Jahre jüngeren Schwester nach Puttaparthi. Swami sah uns und rief uns sofort zum Interview.

Mit einem schelmischen Lächeln auf seinem wunderschönen Gesicht und mit erhobenem Zeigefinger auf mich zeigend, fragte er: **„Nun, wie hast du das Examen geschafft?"**

---

[3] Punkte = Fragen

Mir fehlten die Worte. Ich fiel ihm zu Füßen und meine Tränen durchnässten sein Kleid. Ich konnte kaum sagen: „Swami, ich habe nur dank deiner göttlichen Gnade die Prüfung bestanden!"

Dann schalt Swami mich für das, was ich am Tag vor der Bekanntmachung der Prüfungsergebnisse getan hatte; er legte seine Hand auf seine Brust und sagte: **„Swami wird niemals jemanden im Stich lassen, der ihm vertraut! Entwickle wenigstens von nun an festes Vertrauen."**

Da war die Bestätigung des göttlichen Wunders, verbunden mit der göttlichen Zusicherung. Die ganze Zeit über nickte meine Mutter, mit Freudentränen in den Augen, schweigende Zustimmung. Dann wandte Swami sich ihr zu; der Meister hatte ihre Gefühle bereits erraten. Er sah mich schelmisch an und sagte zu ihr: **„Jetzt, da er seine Ausbildung beendet hat, wird deine Last weniger werden, wenn du ihn verheiratest. Oder nicht?"**

Meiner Mutter Gesicht strahlte vor lauter Freude und tiefer Dankbarkeit. Sie rief aus: „Ja, Swami!"

Dann sah Swami mich an und fragte: **„Stimmt's?"**

„Nein, Swami!", platzte ich sofort heraus.

Swami sagte in strengem Ton: **„Was willst du damit sagen? Ist dein Gemüt beständig? Kannst du deine Gedanken auch nur für fünf Minuten auf etwas konzentrieren?"**

Ich war zu fassungslos, um seine Fragen beantworten zu können. In seinem bestimmenden Ton fuhr er fort: **„Tu, was Swami dir sagt! Du wirst im August eine Arbeit finden; nimm den Job an! Hilf und diene deinen Eltern."**

Die Freude meiner Mutter hatte ihren Höhepunkt erreicht, und ihr Vertrauen in Swamis Allwissenheit war vollkommen. Nachdem Swami *Vibhuti* für uns materialisiert und uns *Padanamaskar* gewährt hatte, führte er uns aus dem Interviewraum hinaus. Meine Mutter und meine Schwester fuhren am selben Abend zurück nach Hause. Ich blieb in Puttaparthi. Am nächsten Morgen sagte Swami zu mir: **„Entwickle einen starken Willen, damit du deinen Geist kontrollieren kannst. Du hast die göttliche Gnade, die dir dabei hilft!"**

Swami hatte sowohl mich als auch meine Mutter zufriedengestellt!

4. Der Grünschnabel lernt fliegen

Mein Vater hatte aus Gesundheitsgründen freiwillig den Regierungsdienst quittiert und war in den Ruhestand getreten. Der wahre Grund aber war, dass er es nicht mehr ertragen konnte, weiterhin mit der zunehmenden Korruption in seinem Büro zu leben. Als er in den Ruhestand trat, war er stellvertretender Leiter der Finanzbehörde. Weil er ein sehr ehrenhafter Beamter war, musste er für die Ausbildung seiner Kinder große Opfer bringen. Wir waren sieben Jungen und vier Mädchen.

Der Meister lehrt den Grünschnabel das Fliegen

Als ich mein Ingenieurexamen absolvierte, waren meine beiden älteren Brüder schon fertige Ingenieure. Die anderen acht gingen noch zur Schule oder studierten schon. Als mein Vater mich nach meinem Abschlussexamen fragte, ob ich weiter studieren wollte, sagte ich ihm, dass ich arbeiten und der Familie helfen wollte. Darum war ich glücklich, als Swami mir sagte, ich solle einen Job annehmen und den Eltern dienen. Was mir jedoch Sorgen bereitete, war der Ort, wo ich Arbeit finden würde. Ich wollte nicht zu weit von Bangalore entfernt arbeiten, weil Puttaparthi und Whitefield nicht weit entfernt waren.

Da Swami mir gesagt hatte, dass ich im August einen Job finden würde, bemühte ich mich gar nicht erst um eine Stelle. Ich war sicher, dass Swami mir ebenso helfen würde, eine Stelle zu finden, wie er mir geholfen hatte, das Examen zu bestehen. Meine Annahme erwies sich als richtig. In der ersten Augustwoche erhielt ich einen Brief von einem älteren Studienkollegen, der Dozent an der Ingenieurfachhochschule in Manipal war. Er schrieb, dass die Fachhochschulverwaltung einen Dozenten mit erstklassigem Abschluss im Fach Elektrik suche. Als ich, mit der Zustimmung meiner Eltern, meine Bereitschaft erklärte, die Aufgabe zu übernehmen, wurde ich nach Manipal eingeladen, um sofort mit der Arbeit zu beginnen.

Manipal liegt etwa vier Kilometer entfernt von der berühmten Tempelstadt Udupi im Dakshina-Kannada-Bezirk von Karnataka. Annas Dorf – Alike – lag im selben Bezirk. Die Nähe zu Alike war ein wichtiger Grund für mich, den Job in Manipal anzunehmen.

Auf dem Weg nach Manipal fuhr ich über Alike und traf dort Anna. Es war mein zweiter Besuch bei ihm. Anna war sehr glücklich über meine Entscheidung, in Manipal zu arbeiten und gab mir ein Einführungsschreiben mit, das an den Gründer der Manipal-Institutionen, Dr. Madhava Pai, gerichtet war.

Anna und Madhava Pai waren in diesem Bezirk zwei wohlbekannte und unternehmungsfreudige Führer, was das soziale Engagement betraf, und sie bewunderten und schätzten einander. Madhava Pai hatte eine Reihe von Institutionen gegründet: Die angesehene Manipal-Gruppe, zu der unter anderem die „Manipal Akademie fur Erziehung“ und die Syndikatsbank gehörten. Die Manipal-Akademie unterhielt etliche Schulen und Hochschulen im Bezirk, darunter auch die Hochschulen für Ingenieurwesen und Medizin in Manipal. Die Stadt Manipal mit ihren Hochschulen, Studentenwohnheimen, der Hauptverwaltung der Syndikatsbank, einem modernen Krankenhauskomplex und vielen Wohnsiedlungen verdankt ihre Existenz der Vision von Madhava Pai. Die Basis für sein dynamisches Handeln war eine tief verankerte Spiritualität. Es war kein Wunder, dass der Ort später durch zwei Besuche Swamis gesegnet wurde, einmal im Jahr 1973 und dann 1979.

Bei Swamis erstem Besuch in der Stadt wurde ein moderner Krishna-Tempel eingeweiht.

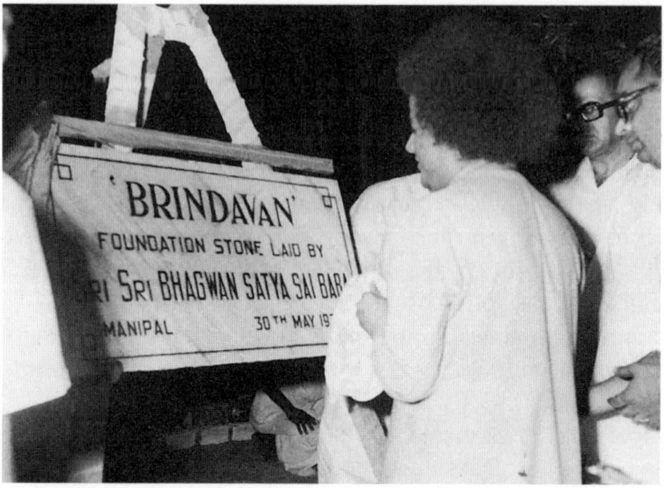

Der Grundstein für „Brindavan Garden“ in Manipal – 1973

Der von Swami eingeweihte Krishna-Tempel in Manipal – 1973

Ich lebte und arbeitete nur für kurze Zeit in Manipal, von August 1967 bis November 1968. Ich kann nicht sagen, dass ich meinen Aufenthalt in Manipal besonders genossen hätte, aber ich liebte die Schönheit der Landschaft. Manipal lag auf einer kleinen, von vielen Tälern umgebenen Hochebene. Von einer Seite der Ingenieurfachhochschule aus hatte man einen atemberaubenden Blick über ein wunderschönes Tal.

In einem Teil der Stadt gab es einen See, der die überwiegende Zeit des Jahres trocken blieb. Man brauchte nur ein paar Schritte zu tun, um der Stadt zu entkommen und die bezaubernde Unberührtheit im Schoße von Mutter Natur genießen zu können. Ich hatte eine starke Abneigung gegen die im Allgemeinen vorherrschende materialistische Atmosphäre der Stadt und machte deshalb oft Spaziergänge hinaus in die Natur, wo ich verborgene Plätze aufsuchte und mich meinen spirituellen Übungen widmete, angefangen von lautem Bhajan-Singen bis hin zu stiller Kontemplation. In Manipal fand ich zu einem Leben regelmäßiger spiritueller Disziplin; dort entdeckte ich die Kunst, den „Frieden, der das Verstehen übersteigt" in den Tiefen meines Herzens zu suchen. Die Arbeit in der Fachhochschule war nicht sehr anspruchsvoll, und so hatte ich genügend Zeit, die höheren Ziele zu verfolgen. Vom Fenster meiner Dienstwohnung aus blickte ich über eine weite, hügelige Landschaft voll grüner Vegetation. Ich hatte meinen Stuhl so gestellt, dass ich aus dem Fenster schauen und bei diesem inspirierenden Anblick, der einen an die Schönheit und Erhabenheit Gottes erinnerte, in einen unberührten Zustand der Freude gleiten konnte.

Der Persische Golf lag nur wenige Kilometer von Manipal entfernt. Manchmal hatte ich die herrliche Gelegenheit, alleine am Strand im Sand sitzen zu können und meine Aufmerksamkeit auf den fernen Horizont zu richten, dort, wo Wasser und Himmel sich in der Abenddämmerung treffen. Die Sonne im Meer versinken zu sehen war eine Freude für die Götter, die ich mit ihnen teilte!

Da gab es eine andere Seite meines Lebens in Manipal, die durch ein Gefühl der Einsamkeit und des Trennungsschmerzes von meinem göttlichen Meister, meinem geliebten Swami, gekennzeichnet war. Ich weinte viele Male bitterlich und sehnte mich nach seiner göttlichen Nähe. Manchmal hatte das Einsamkeitsgefühl eine unerträgliche Langeweile zur Folge und wühlte mein Gemüt auf, was mich zwang, nach innen zu gehen oder die Gesellschaft von Swamis Devotees aufzusuchen.

Shrī Sridhar Bhat war aus Udupi und ein guter Freund von Anna; er war Geschichtsprofessor an der dortigen Universität. Gemeinsam besuchten wir die berühmten Tempel in Udupi und Malpe und verbrachten manches Mal eine schöne Zeit am Strand, wo wir über spirituelle und patriotische Themen diskutierten. Annas Idealismus inspirierte ihn zutiefst. Er und seine Familie waren mir gegenüber sehr liebenswürdig und gastfreundlich.

Der Gita Mandir in der Tempelstadt Udupi

Ich hatte mir zum Ziel gesetzt, einmal alle vierzehn Tage Shrī Pailloor Lakshminarayan Rao im Kadri-Viertel in Mangalore zu besuchen. Er und seine Frau Parameswariamma waren hingebungsvolle Devotees von Swami. Parameswariamma war eine sehr gottesfürchtige und fromme Frau. Swami hatte viele *Līlās* und *Mahimas* in ihrem Haus vollbracht. Viele Fotos in ihrem wunderschönen Gebetsraum waren als Zeichen von Swamis unsichtbarer göttlicher Gegenwart von *Vibhuti* überschüttet; in der *Vibhuti* auf dem Boden sah man sogar Swamis Fußspuren, was zu einer sehr spirituellen Atmosphäre führte. Häufig materialisierten sich Statuen verschiedener Gottheiten.

Im Zusammenhang mit dieser Familie gibt es viele wundersame Begebenheiten. Eine dieser Begebenheiten ereignete sich während einer Regenzeit. Drei Tage lang hatte es unaufhörlich heftigst geregnet. Lakshminarayan Rao war nach Brindavan gefahren, um Swamis *Darshan* zu bekommen. Parameswariamma war mit ihren noch kleinen Kindern zu Hause geblieben. Am dritten Tag war das Heu für ihre geliebten Kühe ausgegangen, und sie machte sich Sorgen. Da sie sehr fromm war, aß sie selbst erst, nachdem sie alle anderen im Haus, inklusive Gäste und Kühe, bewirtet hatte! Wie gewohnt begann sie zu Swami zu beten, der bei all ihren großen und kleinen Problemen ihre einzige Zuflucht war. Die Mittagsmahlzeit war vorüber; ihre Kinder hatten gegessen. Da klopfte es an der Tür. Als sie die Türe öffnete, sah sie zu ihrem großen Erstaunen und zu ihrer Freude einen Mann mittleren Alters mit einem Bündel Heu auf dem Kopf vor der Türe stehen! Der Mann, der völlig durchnässt war, fragte sie: „Brauchen Sie Heu?"

Sie war sich ganz sicher, dass Swami ihr zu Hilfe gekommen war und den Mann mit dem Heu für ihre Kühe geschickt hatte. Der Mann legte das Heu im Kuhstall ab. Sie fragte ihn: „Was muss ich für das Heu bezahlen?"

Er antwortete: „Mutter, ich bin sehr hungrig; gib mir bitte etwas zu essen. Das genügt!"

Als er gegessen hatte, wollte sie ihm ein paar Rupien geben. Aber er weigerte sich, das Geld anzunehmen und verschwand schnell im strömenden Regen!

Ihr Mann, der in Brindavan war, bat Swami am nächsten Tag: „Bitte, Swami, wenn du nächstes Mal nach Mangalore kommst, dann segne unser bescheidenes Heim durch die Berührung deiner göttlichen Füße!"

Swami lächelte schelmisch und erwiderte: **„Ich war gestern schon in deinem Haus und habe dort zu Mittag gegessen!"**, und ging weiter die *Darshan*-Reihen entlang!

Lakshminarayan Rao war verblüfft ob dieser Antwort und verstand ihre Bedeutung erst, als er nach Hause kam! Parameswariamma war überglücklich, fühlte sich aber dennoch betrogen, dass ihr Herr mit einem Bündel Heu auf dem Kopf in ihr Haus gekommen war, ohne sich zu erkennen zu geben! Ein berühmter Heiliger aus Karnataka, der Gottes Herrlichkeit besang, sagte: „Seht unseren Herrn an! Er ist überhaupt nicht stolz und in keiner Weise überheblich! Als Gegengabe für eine Blume, die ihm dargebracht wurde, hat er Heu zum Haus seines Devotees getragen!", und deutete damit auf die Episode hin, als *Krishna* sich im *Dvāparayuga* um *Arjunas* Wagenpferde gekümmert hat. Die Zeiten haben sich seitdem geändert, aber Gott hat sich nicht verändert! Er bleibt derselbe!

Alike war der andere Ort, wohin ich einmal im Monat fuhr, um Anna zu besuchen, der in Sathya Sai Vihar, dem Ausbildungszentrum von Loka Seva Vrinda, lebte. Es war sehr anregend und belebend für mich, einmal im Monat ein oder zwei Tage mit Anna zu verbringen. Ich werde später mehr über den Ort schreiben.

Ich sollte an dieser Stelle zwei wichtige Ziele auf meinem spirituellen Weg erwähnen, die ich dank Swamis Gnade in Manipal erreichen konnte. Das eine war das ständige Üben des *Nāmasmarana*. Obwohl ich mit dieser spirituellen Basisübung sofort nach meinem ersten Besuch in Puttaparthi begonnen hatte, meisterte ich sie im Verlaufe des Tages nur für kurze Zeiten. Oft vergaß ich sie. Wenn ich mich bewusst darauf konzentrierte, konnte ich lediglich die Dauer der Übung verlängern. Doch während meines Aufenthaltes in Manipal wurden die spirituellen Übungen regelmäßiger und disziplinierter. Ich stand früh morgens auf und widmete meine Zeit dem Gebet und der Meditation, was mir eine feste Basis für die weiteren spirituellen Aktivitäten während des Tages gab.

Ich wollte *Nāmasmarana* ohne jegliche Unterbrechung praktizieren. Ich wollte, dass es, ebenso wie der Atemprozess, ständig stattfände, egal, womit ich gerade beschäftigt war. Die Frage, die mich lange Zeit plagte, war: „Sollte ich auch dann *Nāmasmarana* machen, wenn ich kein Gefühl der Hingabe empfinde? Ist eine mechanische Wiederholung des Gottesnamens nutzbringend?" Durch die göttliche Gnade kam ich zu dem Schluss, dass, obwohl es sicher auf jeden Fall besser ist, *Nāmasmarana* mit dem richtigen Gefühl zu üben, es mechanisch zu tun, allemal besser ist, als es überhaupt nicht zu tun! Und so begann ich, unabhängig davon, was gerade in meinem Gemüt vorging, den Gottesnamen zu wiederholen. Oft half mir das, die falschen Gefühle loszuwerden und richtige zu entwickeln. Nach einiger Zeit stellte ich fest, dass jeder Augenblick, den man verbringt, ohne an den Gottesnamen zu denken, eine Verschwendung dieser wichtigen Gelegenheit ist, die Gott uns geschenkt hat. Von da an wurde *Nāmasmarana* ein fester Bestandteil meines Lebens. Ich denke, dass diese spirituelle Basisübung für alle Aspiranten von immensem Vorteil ist.

Eine sehr tiefe emotionelle Bindung an meine Mutter erwies sich als ein schwieriges Hindernis auf meiner spirituellen Reise. Es war das erste Mal, dass ich 400 Kilometer von meiner Mutter entfernt lebte. Manchmal sehnte ich mich danach, sie zu sehen und bei ihr zu sein; hin und wieder sehnte sich mein Gemüt wie ein kleines Kind nach ihrer Nähe. Aber das war physisch nicht möglich, was mich oft verzweifeln ließ; manchmal, wenn ich an sie dachte, weinte ich bitterlich. Ich war damals zweiundzwanzig! Diese Bindung verursachte einen Konflikt in meinem

Gemüt. Ich hatte beschlossen, nicht das Leben eines Familienvaters zu führen, sondern mein ganzes Leben dem spirituellen Studium und Dienst am Nächsten zu widmen. Meine Mutter aber war darauf nicht vorbereitet; sie wollte, dass ich heirate und eine Familie gründe. Weil ich ihr so verbunden war, wollte ich ihre Gefühle in keiner Weise verletzen. Gut, Swami hatte mir versichert, dass er die Meinung meiner Eltern diesbezüglich ändern wollte. Aber erst musste ich mein eigenes Gemüt ändern. Ich musste die Bindung an meine Mutter loswerden, das war die einzige Möglichkeit. Als ich eines Abends über diese Sache nachdachte, lief mein Verstand Amok. Ich stellte mir bildlich vor, was meine Mutter seit meiner Geburt alles für mich getan hatte. Eine meiner Tanten hatte mir erzählt, wie meine Mutter viele schlaflose Nächte mit mir auf dem Schoß verbracht hatte, als ich neun Monate alt war und Fieberanfälle hatte, die mich in den ersten zwei Jahren häufig plagten. Diese lebhafte Vorstellung verursachte mir unerträgliche Schmerzen, die durch das Gefühl der Trennung von meiner Mutter noch verstärkt wurden. Eine tiefe Qual erfüllte mein Herz; ich konnte sie nicht länger ertragen und betete schluchzend zu Swami, mich doch von meinen Qualen zu erlösen.

Als ich aus dem Fenster schaute, sah ich, dass es schon dunkel geworden war und sich ein feiner Nebel auf die fernen Berge gelegt hatte. Ich schüttete mein Herz aus, indem ich mit aller Inbrunst den Bhajan „Prema mudita manase kaho Rama Rama Ram!“ sang. Das dauerte eine ganze Weile. Langsam breitete sich Frieden in meinem Herzen aus und der geistige Aufruhr hörte auf.

Die Mutter aller Mütter

Wie ein Blitz traf mich die Erkenntnis, dass es Swami selbst war, der mich durch meine Mutter mit Liebe überschüttet hatte, und dass er zu allen Zeiten und an allen Orten um mich war. Es dämmerte mir, dass alle selbstlose Liebe und Freundlichkeit, wo immer sie sich auch manifestierten, ihm und nur ihm alleine gehörten. Er war die Mutter aller Mütter.

Auf diese Weise löste Swami die Eisenketten der Bindung, die mich an meine Mutter fesselten und ließ nur noch einen seidenen Faden der Liebe und Verehrung für sie übrig. Danach fiel es mir sehr leicht, die Bindung an alle anderen Menschen zu überwinden.

Das Universitätsjahr ging im Mai 1968 zu Ende. Im April sehnte ich mich danach, Manipal zugunsten eines Ortes mit einer besseren spirituellen Atmosphäre zu verlassen. Auch klang mir Swamis Zusicherung immer im Ohr: **„Swami wird dich immer näher und näher zu sich holen! Er wird dir das große Glück gewähren, ihm zu dienen."** Ich betete oft zu ihm und bat ihn um eine Veränderung. Eines Nachts erschien Swami mir im Traum und sagte: **„Komm in der zweiten Juniwoche nach Puttaparthi. Ich werde dann mit dir sprechen!"**

Als das Universitätsjahr zu Ende war, fuhr ich in meine Heimatstadt, die zwischen Bangalore und Puttaparthi liegt. Am 5. Juni ging ich unverzüglich zum Busbahnhof und erkundigte mich bei dem Fahrer des Busses nach Puttaparthi, ob Swami in Puttaparthi war. Der Busfahrer erklärte kategorisch: „Swami ist nicht in Puttaparthi und wird auch bis Juli nicht dort sein." Ich war ziemlich enttäuscht, vertraute aber dennoch voll auf das, was Swami im Traum gesagt hatte. Ich erreichte Puttaparthi am 8. Juni. Dort sagten mir alle, dass Swami auf gar keinen Fall vor Juli zurückkäme. Aber ich gab die Hoffnung nicht auf und beschloss, bis zum Ende der zweiten Juliwoche dort zu bleiben. Zur Überraschung und großen Freude aller kam Swami am 10. Juni nach Puttaparthi! Am 11. Juni rief er mich zum Interview. Rückblickend war dieses Interview sehr entscheidend für mein Leben; es gab mir den Mut, die Brücken eines auf Karriere ausgerichteten Lebens abzubrechen und den Schritt in ein Leben zu wagen, das der Hingabe an die Sai-Mission gewidmet war.

An diesem Tag sagte Swami zu mir: **„Ich weiß, dass du das Leben dort satt hast. Beende dieses Jahr. Danach werde ich dir einen ‚guten Ort' zeigen. Swami wird dich immer mit seiner gütigen Gnade schützen."**

Seine Worte gaben mir ein großartiges Gefühl der Erleichterung. Diese göttliche Zusicherung erfüllte mein Herz mit der Kraft, die wichtigste Entscheidung meines Lebens zu treffen: Ich schwor an diesem Tag den Eid lebenslangen Zölibats und stellte ihn auch später nie in Frage. Nach zwei Tagen verließ Swami Prasanthi Nilayam wieder. Es wurde erzählt, dass Swami gekommen war, um einige Saris zu holen, die er in Brindavan verteilen wollte! Ich kehrte nach Hause zurück, voll

Klarheit und Gewissheit über mein zukünftiges Leben. Die nächste Aufgabe war, den Segen meiner Mutter für den Eid, den ich geschworen hatte, zu bekommen.

Ich betete weiterhin zu Swami, er möge ihre Erwartungen an mich verändern. Ich war mir sicher, dass mein Vater für meine Entscheidung, ein heiliges und hingebungsvolles Leben zu führen, kein Hindernis sein würde. Nach vierzehn Tagen ergab sich eine gute Gelegenheit. Meine Mutter wollte den Tempel unserer Familiengottheit – Srī Narasimha Swamy – besuchen. Der Tempel lag etwa sechs Kilometer von unserer Stadt entfernt auf einem Hügel. Meine Mutter und ich machten uns eines Morgens auf den Weg. Wir stiegen die Stufen zum Tempel hoch und machten um die Mittagszeit Rast unter einem Baum. Swami hatte diesen Augenblick ausgewählt, um das Gemüt meiner Mutter zu verändern. Sie war sehr weichherzig und konnte ihre Frage vor lauter Gefühlsregung nur mühsam beenden: „Sohn, wirst du nicht heiraten?"

Ich hatte eine solch plötzliche und direkte Konfrontation mit dieser Frage nicht erwartet; auch hatte ich nicht darüber nachgedacht, was ich ihr antworten sollte. Es war Swami, der mich zu einer Antwort veranlasste: „Mutter, so wie ich lebe, bin ich sehr glücklich. Möchtest du nicht, dass ich mein ganzes Leben lang glücklich bin? Du hast genug in diesem ‚*Samsara*' gelitten. Ich weiß, dass du mich sehr liebst, und auch ich liebe dich mehr als irgendjemand anders. Warum willst du mich in dieselbe Hölle stoßen, in der du soviel gelitten hast?"

Während ich ihr das sagte, wischte ich mit meiner Hand ihre Tränen fort. Ich empfand ein tiefes Gefühl der Zärtlichkeit in meinem Herzen und ich spürte Swamis Gegenwart. Die Umwandlung geschah unmittelbar. Sie rieb rasch mit einem Zipfel ihres Saris die letzten Tränen fort: „Möge Gott dich dein ganzes Leben lang mit Glückseligkeit segnen. Ich werde dir nicht im Weg stehen."

Ich verbeugte mich vor ihr und legte meinen Kopf auf ihre Füße. Swami hatte stillschweigend ein weiteres Versprechen erfüllt, das er mir gegeben hatte! Meine Mutter schwankte danach niemals in ihrem Beschluss, mich auf meinem heiligen Weg zu ermutigen. Sie ermahnte sogar meine jüngeren Brüder und Schwestern, in meine Fußstapfen zu treten; aber nur eine meiner Schwestern wählte diesen Weg.

Nach den Ferien kehrte ich im Juli 1968 nach Manipal zurück. Ich freute mich auf das Jahresende. Während einer meiner Reisen nach Alike vertraute ich Anna alles an, was während der Ferien geschehen war. Er beglückwünschte mich herzlichst zu meinem heiligen Entschluss, mein Leben der spirituellen Beschäftigung und dem Dienst in der Sai-Mission zu widmen. Er sagte, wenn ich als freiwilliger Mitarbeiter dem Loka Seva Vrinda beiträte, würde die Organisation meine Eltern finanziell unterstützen, so dass sie ihre Verpflichtungen den anderen Kindern gegenüber erfüllen könnten. Das geschah unmittelbar nach Swamis Geburtstag im November. Ich nahm Annas Angebot bereitwillig an und kündigte meine Stelle in Manipal.

Ich schrieb einen Brief an meinen Vater und bat ihn um seinen Segen für meinen von Gott gewählten Weg. Sein Segen kam in Form eines wunderbaren Briefes. Er schrieb: „Ich habe meine Pflicht, dich zu erziehen und auszubilden getan. Ich möchte, dass du glücklich bist; das ist alles. Wie kann ich dir im Weg stehen, wenn du eine so heilige Lebensweise gewählt hast? Ich bitte Gott, er möge dir die Kraft geben, ein reines Leben zu führen."

Danach geschah alles sehr schnell. Ich verließ Manipal und am Ende des Jahres war ich bei meinem Mentor Anna in Alike.

5. In den Händen des Mentors

In den Händen des Mentors

Manipal lag auf einem von Tälern umgebenen Hügel; Sathya Sai Vihar in Alike jedoch lag in einem von Hügeln umgebenen Tal. Alike war ein für den Bezirk Dakshina Kannada typisches Dorf mit etwa 6 000 Einwohnern, die über ein Gebiet von etwa 14 Quadratkilometern verteilt lebten. Es gab nur wenige, weit verstreut liegende Häuser. Die Menschen dort ernährten sich überwiegend von der Landwirtschaft. Ihre Häuser standen auf ihren Feldern, wo sie hauptsächlich Betelnussbäume anpflanzten; doch es gab auch Kokosnuss- und Bananenplantagen. Fast jede Familie baute Reis für die eigene Versorgung an. Alle Häuser waren von Jackfrucht- und Mangobäumen umgeben. Auf den Hügeln wurde Cashewnuss angebaut. Die Cashewnüsse waren gefragt, aber die ziemlich sauren Cashewäpfel ließ man verrotten. Diese Pflanzungen lieferten reichlich grünes Blattwerk, das in Verbindung mit dem Dung der Kühe, die jede Familie hielt, für die Herstellung von Dünger benutzt wurde. Es wurden auch Pfeffer und Gemüse in kleinen Mengen angebaut. Im Allgemeinen waren die Menschen dort sehr gastfreundlich und höflich.

Die malerische Lage von Sathya Sai Vihar und Sharada Vihar und das Schulgelände von Loka Seva Vrinda erinnerten an die *Gurukulas* des alten Indien. Die schönen Hochschulgelände, die sich in die Arme von Mutter Natur schmiegten, waren ein Wirklichkeit gewordener Traum ihres Gründers: Anna.

Sathya Sai Vihar – 1968

Sathya Sai Vihar – 2001

Anna wurde in einer reichen und angesehenen Familie im Dorf geboren. Von vier Kindern war er der einzige Sohn. Er war ein geborener Idealist. Schon während seiner Gymnasialzeit versammelte er eine Gruppe von Freunden um sich, die von Idealismus beflügelt war. Während seiner Studienjahre beschloss er, sich selbst und seinen gesamten Wohlstand dem Dienst am Mutterland[4] zu widmen. Er war zeit seines Lebens Junggeselle und konnte einige seiner Freunde dazu inspirieren, in seine Fußstapfen zu treten. Gemeinsam gründeten sie 1960 Loka Seva Vrinda – eine spirituelle, pädagogische, soziale und kulturelle Organisation. Annas unbeugsamer Wille kam ihm bei den ersten Auseinandersetzungen mit einem Teil der Gesellschaft, der seine idealistischen Träume nicht verstehen und wertschätzen konnte, zu Hilfe. Gott, dem er zutiefst ergeben war, errettete ihn in jenen schwierigen Tagen aus vielen hoffnungslosen Situationen. Er wurde wenigstens zweimal den Klauen des Todes entrissen. Als er 1962 zum ersten Mal *Bhagavān* Shrī Sathya Sai Baba begegnete, sah er in ihm Gott auf Erden, der ihm bei allen Problemen und allem Kummer zur Seite stand. Augenblicklich widmete er sich selbst und seine Organisation dem Werke Sais. Ihm gebührt die Ehre, die erste pädagogische Institution errichtet zu haben, die auf den Sai-Idealen basiert.

Annas Persönlichkeit war einmalig. Sie war eine wunderbare Synthese von Idealismus und Realismus, von Emotion und Vernunft und von tiefer Spiritualität und dynamischem Patriotismus. Gott hatte ihn reichlich mit Talenten versehen. Er war ein sehr inspirierender Redner und Schriftsteller, wie auch ein großartiger Organisator und Verwalter. Er hatte enormes Vertrauen in die Jugend und liebte sie sehr. In seinem kurzen Leben von 49 Jahren hatte er 25 Jugendliche ausgebildet, die seinen Fußspuren folgten. Hier sind einige Auszüge aus seinem Brief, den er mir 1973 schickte, als er 46 war und ich 26. Diese Auszüge werfen ein helles Licht auf seine einzigartige Persönlichkeit:

„Ich prüfe mich immer vollständig. Ich weiß, welche Entfernung ich in Bezug auf viele Aspekte meiner Persönlichkeit noch bewältigen muss. Und dennoch, oft staune ich über die tiefen, intuitiven Erfahrungen, die aus meinem Herzen emporsteigen, damit ich meinen lieben Brüdern angemessenen Rat geben kann. Historisch gesehen kann ich sagen, dass diese Eigenschaften in der Tat selten sind; sie sind der Fun-

[4] In Indien heißt das Heimatland „Mutterland“.

ke wahrer Führungseigenschaften, abgesehen davon, dass sie auch Zeichen von vollkommener Opferbereitschaft und völliger Hingabe an Gott sind.

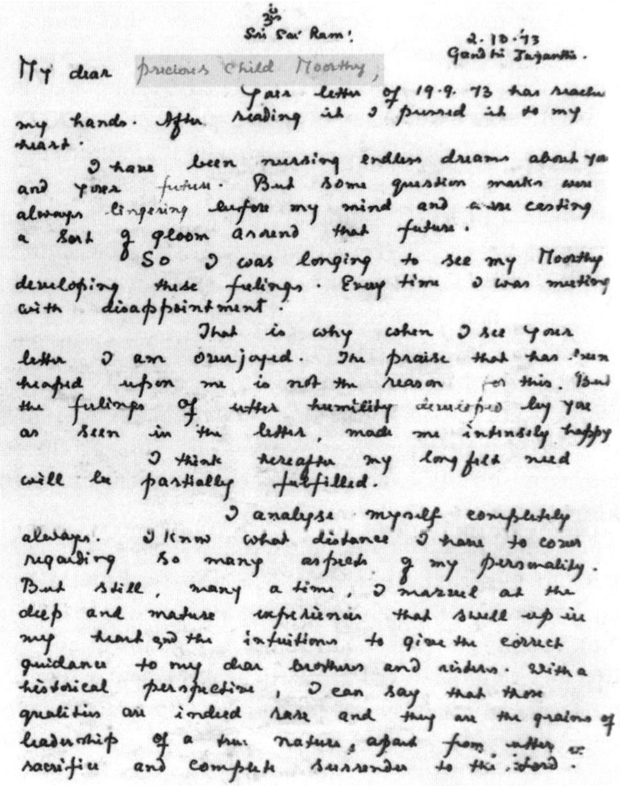

Om
Sri Sai Ram!

2.10.73
Gandhi Jayanthi.

My dear precious Child Moorthy,

Your letter of 19.9.73 has reached my hands. After reading it I pressed it to my heart.

I have been nursing endless dreams about you and your future. But some question marks were always lingering before my mind and were casting a sort of gloom around that future.

So I was longing to see my Moorthy developing these feelings. Every time I was meeting with disappointment.

That is why when I see your letter I am overjoyed. The praise that has been heaped upon me is not the reason for this. But the feelings of utter humility developed by you as seen in the letter, made me intensely happy.

I think hereafter my long felt need will be partially fulfilled.

I analyse myself completely always. I know what distance I have to cover regarding so many aspects of my personality. But still, many a time, I marvel at the deep and mature experiences that swell up in my heart and the intuitions to give the correct guidance to my dear brothers and sisters. With a historical perspective, I can say that these qualities are indeed rare and they are the qualities of leadership of a true nature, apart from utter sacrifice and complete surrender to the Lord.

Der inspirierende Brief

Meine einzige Sorge ist, wie ich all diese Kostbarkeiten in meinem Herzen meinen Lieben und Nächsten vermachen kann. Wer wird sie ‚zerkauen' und ‚verdauen' können? Sie scheinen ungesund und lästig, wenn sie vermittelt werden. Darum suche ich nach verdienstvollen, nein, höchst verdienstvollen Menschen, die dieses Geschenk empfangen können. Aber um diese höchste Weisheit zu vermitteln, muss mein Herz schmelzen und das Göttliche muss die Kontrolle über mich übernehmen.

Es geschieht oft. Wann immer ich einen wahren Schüler sehe, der die alte Art von tiefer Hingabe besitzt, wird mein Herz zu einem reißenden Strom wie der unsterbliche, ewige Ganges, und das führt dann zum Segen ...

In Indien neigt man dazu, eine spirituelle Messlatte anzulegen, um jemanden zu beurteilen: Wie lange meditiert er? Hat er lange Haare wie ein alter Rishi? Hat er den Trance-Zustand erreicht? Hat er das Selbst erfahren? Diese Fragen mögen wichtig sein, wenn man einzig das Spirituelle sucht. Aber jetzt müssen wir – wir alle – uns mit unserem Land, der edlen Mutter, beschäftigen. Wenn die Mutter vor Zerstörung sicher ist, dann können sich selbstverständlich alle solange ihren spirituellen Übungen widmen wie sie möchten. Im Augenblick ist sie jedoch in großer Gefahr. Darum brauchen wir eine Führerschaft, die in der Lage ist, andere auszubilden, ihren Charakter zu formen, sie zu klugen Leitern von Organisationen zu machen. Abgesehen von Opferbereitschaft und spiritueller Hingabe sollte die Führerschaft auch tiefe Demut, Weitblick, Verständnis für das menschliche Herz usw. erwecken. Und selbstverständlich muss alles in Seinem Namen geschehen. Bhajans und *Pūjā*, Meditation und spirituelle Übungen alleine genügen da nicht. Sie müssen Teil der Gesamtpersönlichkeit sein.

Wir nehmen daher eine wahrhaft historische Aufgabe in Angriff. Wie viele haben versucht, eine Aufgabe dieser Art und dieses Ausmaßes auf sich zu nehmen? Man braucht noch nicht einmal die zehn Finger, um sie aufzuzählen. Es mag kühn erscheinen, das zu schreiben. Aber das ist die Wahrheit. Das Potential dessen, was wir alle tun können, ist einfach gewaltig und, mit einem Wort gesagt, unbeschreiblich. Aber warum verbreitet es sich nicht schneller? Meine Anhänger befolgen mein Diktum nicht aufs Wort und scheitern deshalb kläglich. Ihr Erfolg ist der Erfolg, der erreicht wird, wenn man diese Technik auf fehlerhafte Weise anwendet. Sie scheitern, weil es ihnen nicht gelingt, diesen Modus Operandi anzuwenden.

Du kannst also meinen Hunger gut verstehen. Ich will eine geniale, selbstlose, absolut aufrichtige, bescheidene, patriotische und spirituelle Jugend von deiner Art. Ich habe viele wie dich geformt. Aber wie viele wirst du formen können? Es geht darum, die Lichter am Brennen zu halten und die Lampen der Erleuchtung weiter zu tragen ...

Ich werde alles geben, um unseres Landes willen. Es macht mir nichts, wenn meine Erlösung verzögert wird, denn die Errettung des

Landes ist wichtiger. Ich werde mich sehr bemühen, eine mächtige missionarische Gesellschaft aufzubauen, die die Geschicke der Nation leiten kann und die eine wirklich politische Organisation aufbauen kann, die das Gute weiterverbreitet. Gott – das heißt Baba – mag mich mitten in meinen Bemühungen, meinen Traum zu verwirklichen, wegholen! Aber ihr seid ja alle da. Ihr werdet die Fackelträger sein und Myriaden von Lichtern entzünden, wenn ich gegangen bin. Selbst wenn ich scheitern sollte, dann war es ein großartiger, eines großen Helden würdiger Versuch, und die verlorenen Fäden dieser Art von *Sādhana* werden von einem nächsten Helden wieder aufgenommen werden, selbst dann, wenn ihr es nicht schafft, meine Absicht zu verwirklichen. Meine Ideale, meine Schriften usw. werden den Archiven entnommen werden und irgendjemand wird wieder von vorne anfangen …

Möge die verehrungswürdige Mutter uns segnen! Möge *Bhagavān* seine Gnade über uns herabregnen lassen!

Mit unendlichem Segen für meinen lieben kleinen Murthy,

Dein in Liebe. Anna.“

Die mächtige missionarische Organisation, die er in seinem Brief erwähnt, war seine Leidenschaft und sein Traum. „Betende Herzen und dienende Hände“ – dieses Buch, das er schrieb, beinhaltet den Entwurf einer Organisation wie er sie erträumte. Zu seinen Lebzeiten hatte er nur einen kleinen Ausblick auf die Verwirklichung seines Traumes – die beiden Zentren, die er in ländlichen Gegenden Karnatakas gegründet hatte. Auch heute noch werden diese beiden Zentren von seinen Anhängern geleitet, die sich einem lebenslangen Zölibat, spirituellem Streben und dem Dienst an der Menschheit verschrieben haben. Wie er es in seinem Brief voraussah, wurde er aus unserer Mitte gerissen, bevor er seinen Traum verwirklicht hatte. Aber der Traum bleibt und er kann nur durch seinen Gott – das heißt Baba – erfüllt werden! Lasst uns alle für die Erfüllung dieses Traums beten.

Als ich mich 1968 Loka Seva Vrinda anschloss, hatte Sathya Sai Vihar ein Gymnasium und eine Voruniversität. Es gab mehr als 550 Studenten, von denen 400 in den zwei Studentenwohnheimen lebten. Die anderen waren Tagesschüler aus Alike und den umliegenden Dörfern. Sharada Vihar, das etwa drei Kilometer von Sathya Sai Vihar entfernt lag, hatte eine Volksschule mit 450 Schülern, von denen 200 in dem an die Schule angegliederten Wohnheim lebten. In Sathya Sai Vihar gab es auch ein Waisenhaus mit mehr als 100 Waisen und mittellosen Kindern; sie besuchten die von der Organisation unterhaltenen Schulen.

Zusammen mit einer Gruppe hingebungsvoller Mitarbeiter, die wegen ihres Gelübdes, ein Leben in Opferbereitschaft zu verbringen *Tyāga Jīvis* genannt wurden, wohnte Anna im *Ashram* „Prem Kutir".

Eine auf den Sai-Idealen basierende moralische und spirituelle Erziehung bildete die Basis für den hohen Standard der akademischen Ausbildung in diesen Lehranstalten. *Bhagavān* Shrī Sathya Sai Baba war der *Kshetra Adhidevata,* der in diesen beiden Lehrinstituten verehrt wurde. Lebensgroße Fotos von Swami schmückten die Altäre in den Gebetsräumen von Wohnheimen und Schulen. Morgens und abends

Kshetra Adhidevata

wurde gemeinsam gebetet. Die Lehrer, die ihrer Aufgabe mit voller Hingabe nachgingen, wohnten mit den Schülern im Wohnheim und formten so den Charakter ihrer Schützlinge durch Übung und Vorbild. Diese Ausbildungsinstitute waren sehr beliebt und zogen Studenten aus ganz Karnataka an. Anna war der führende Geist dieser Institutionen; ihm galt die Liebe und der Respekt aller Studenten und Lehrer.

„Prem Kutir" – der Ashram

Swami hatte mir versichert, dass er mir bis Ende des Jahres einen „guten Platz" zeigen würde, und so geschah es auch. Dieser „gute Platz" war Sathya Sai Vihar in Alike. Ich wohnte mit Anna und anderen „*Tyāga Jīvis*" in „Prem Kutir" und diente, unter Annas Führung, den Einrichtungen von Loka Seva Vrinda in verschiedenen Funktionen. Es war ein wohl ausgewogenes Leben zwischen *Seva* und *Sādhana*, zwischen „Arbeit" und „Verehrung". Ich genoss die Gesellschaft von Studenten, Lehrern und anderen Mitarbeitern, die reinen Herzens waren. Ich liebte sie und erhielt sehr viel mehr zurück. Alle liebten Swami und setzten Swamis Ideale in die Tat um. Unter Annas inspirierender Führung war es eine vollkommene Umgebung, um spirituell zu wachsen. Ich fuhr oft, meist zu Festtagen, in Begleitung von Anna und anderen Mitarbeitern nach Prasanthi Nilayam und Brindavan, um Swamis *Darshan* zu haben und seinen ergreifenden Reden zu lauschen, die uns beflügelten, auf unserer spirituellen Reise vorwärts zu gehen. An Festtagen wählte Swami persönlich Freiwillige unter den versammelten Devotees aus und übergab ihnen die Freiwilligen-Plakette. Er erteilte dann den ausgewählten Freiwilligen Anweisungen, wie den an Festtagen in großer Anzahl versammelten Devotees auf verschiedenen Gebieten zu dienen sei. Nach dem Fest rief Swami die Freiwilligen zu sich und segnete sie mit *Padanamaskar* und vielen Gnadengeschenken. Swami gewährte mir bei jedem Fest, bei dem ich zugegen war, die Möglichkeit, als Freiwilliger zu dienen, und erkundigte sich oft nach meinem Wohlergehen. Doch während meines Aufenthaltes in Alike erhielt ich nicht viel direkte Führung von Swami. Wahrscheinlich ließ er mich einfach in aller Ruhe unter der Führung meines kompetenten Mentors wachsen und bereitete mich auf die Aufgabe vor, später direkt unter ihm zu dienen!

Ich war fast vier Jahre lang in Alike und sonnte mich in Annas Liebe und Zuneigung. Zu Beginn meines dortigen Aufenthaltes wurde ich einmal ernsthaft krank. Man diagnostizierte Typhus, was zu jener Zeit in dieser Gegend als tödlich galt. Und in der Tat war einige Jahre zuvor einer der „*Tyāga Jīvis*" dieser Krankheit erlegen. Nach meiner Begegnung mit Swami im Jahr 1965 hatte ich beschlossen, keinerlei Medikamente zu nehmen, um Krankheiten zu heilen; stattdessen wollte ich mich auf die göttliche Gnade als Heilmittel verlassen. Die einzige Medizin, die ich einnahm, war *Vibhuti*, die Swami verteilt hatte; die andere Hilfe, zu der ich Zuflucht nahm, war das Gebet. Swami hatte bis dahin immer auf meine Gebete reagiert und jegliche meiner Erkrankungen geheilt, ohne dass ich Medikamente nehmen musste. Darum weigerte ich mich, Medizin gegen Typhus einzunehmen. Anfangs hatte Anna keine Einwände. Aber als das Fieber stieg, übten die anderen Druck auf Anna aus, er solle mich überreden, Medizin einzunehmen. Annas Mutter weinte und beschuldigte ihn: „Du bringst diesen Jungen um!"

Ich war damals 23 Jahre alt. Anna kam in mein Zimmer, berührte zärtlich meine Stirn und sagte: „Murthy, das Fieber scheint sehr hoch zu sein; lass uns mal messen."

Er steckte ein Fieberthermometer unter meine Zunge und überprüfte die Temperatur. Ich hatte 41,9° C Fieber.

Er fragte mich: „Glaubst du immer noch, dass du keine Medizin brauchst?“

Ich antwortete: „Ja, Anna!“

„Ich schätze deinen Mut und deine Standhaftigkeit. Aber nehmen wir an, dein Zustand verschlechtert sich weiterhin und bedroht dein Leben – was sollen wir tun?“

Annas Stimme war voller Zuneigung und Besorgnis. Ich schaute in seine liebevollen Augen und sagte: „Anna, wenn Swami nicht will, dass ich lebe, dann gibt es für mich keinen Grund zu leben!“

Anna umarmte mich sofort, wie nur eine Mutter es kann, und sagte: „Ich habe nicht das Recht zwischen dich und Swami zu treten. Dein Vertrauen wird dich sicher heilen! Du gehörst Swami; er wird sich um dich kümmern.“

Tränen der Hingabe schimmerten wie Perlen in seinen Augen, was mein Herz zutiefst berührte.

Innerhalb von vierzehn Tagen wurden Annas Worte wahr, und nach einer weiteren Woche war ich wieder auf den Beinen. Danach verbesserte sich mein Gesundheitszustand auf bemerkenswerte Weise.

Von den Feinheiten des inneren Weges abgesehen, lernte ich von Anna viele Fertigkeiten und Aktivitäten, die man zum Dienst an der Gesellschaft benötigt. Er ermutigte mich, in der Öffentlichkeit zu sprechen und gab mir auf dem Universitätsgelände und außerhalb viele Gelegenheiten dazu. Er machte es sozusagen zur Pflicht, dass ich Beiträge für unsere Monatszeitschrift schrieb; später ernannte er mich zum Mit-Herausgeber. Er selbst war der Herausgeber. So machte er mich mit allen Einzelheiten des Zeitungs- und Verlagswesens vertraut. Indem er mich zum Heimleiter eines Wohnheimes ernannte, lehrte er mich viele pädagogische Feinheiten zur Charakterbildung der Schüler. In dieser Position erwarb ich Grundkenntnisse in Buchhaltung und Korrespondenz und lernte auch, wie man eine Küche führt und buchhalterisch verwaltet. Er nahm mich mit, wann immer er eine Bauaufsicht hatte, und half mir dadurch meine theoretischen Ingenieurkenntnisse in der Praxis zu erproben. Er bezog mich sowohl in die Planung von Neubauten mit ein wie auch in die Auswahl von Baugrundstücken. Ich hatte viele Male die Gelegenheit, mit ihm zu reisen und hochrangige Beamte und öffentliche Persönlichkeiten kennen zu lernen. Einmal sagte ein bekannter

Minister der Karnataka-Regierung, der auch ein guter Freund von Anna war, zu ihm: „Narayan Bhat, wenn du dich entschließt unserer Partei beizutreten, machen wir dich sofort zum Mitglied des gesetzgebenden Rates und später zum Erziehungsminister."

Ohne mit der Wimper zu zucken antwortete Anna: „Es warten schon viele ungeduldig darauf, Minister zu werden. Doch unglücklicherweise gibt es nicht viele, die bereit sind, die Arbeit zu tun, die ich tue. Bitte lass mich meine Arbeit tun!"

Der Minister und ich waren fassungslos über Annas spontane Antwort. Da lernte ich das Geheimnis der immerwährenden Freude kennen, die Anna, überall wo er war, ausstrahlte: Es war seine große Missionsbereitschaft im Leben. Er übertrug sie auf alle seine Anhänger. Am wichtigsten war seine völlige Hingabe an Swami. Mit großer Demut und Bescheidenheit schrieb er alle seine Leistungen Swamis Kraft der göttlichen Gnade zu.

Ich dachte niemals, dass ich meine Schulden in Form von Dankbarkeit meinem „Anna" vergelten könnte – und er erwartete es niemals!

6. Durch Höhen und Tiefen

Sathya Sai Vihar war Gottes Eigentum. Die Schönheit des Ortes und das Gute in den dort lebenden Menschen erinnerten an Gottes Erhabenheit und Großmut. Der Himmel über uns spiegelte die Unendlichkeit und Ewigkeit der Wahrheit wider. In alledem konnte man das Gesicht Gottes in der Dreifaltigkeit von Wahrheit, Güte und Schönheit (satyam, shivam, sundaram) erkennen. Einmal wurde ein heiliger *Samnyāsin*, der in den Bergen des Himalayas lebte, von seinen Schülern nach Sathya Sai Vihar gebracht. Nachdem er einen Tag dort verbracht hatte, rief er aus: „Die Menschen gehen auf ihrer Suche nach Gott in den Himalaya, aber euer Anna hat den Himalaya an diesen Ort gebracht!"

Ich liebte es, abends die Hügel hinaufzugehen und in der Einsamkeit den Sonnenuntergang zu beobachten. In der Abenddämmerung, wenn die Sonne im grünen Meer der Pflanzen im Westen untergegangen war, ging ich wieder hinunter. Es war eine großartige Erfahrung für jeden jungen Suchenden, dessen Herz sich nach Gott verzehrt. Eines Abends, als ich von den Hügeln nach „Prem Kutir" zurückkehrte und mein Zimmer betrat, sah ich auf meinem Tisch das Buch: „Shrī *Ramakrishna* – der große Meister" liegen. Ich hatte es morgens dort liegen gelassen. Ich öffnete das Buch willkürlich und stieß auf die Stelle, wo über den Besuch des Meisters in Brindavan, das *„Līlā Kshetra"* Shrī Krishnas, berichtet wird. Ich las die herzbewegende Episode, wie der Meister über den Sand des Yamuna-Flusses geht. Er sah die untergehende Sonne, den dahinfließenden Fluss und die Kuhhirten, die mit ihren Kühen und Kälbern nach Hause zurückkehrten und rief aus: „Dieselbe Sonne geht immer noch unter, der Yamuna-Fluss fließt immer noch dahin und immer noch kehren die Hirten heim mit ihren Kühen! ... Aber wo ist mein Krishna?"

Während er das sagte, verfiel er in „Bhava-Samadhi", den Zustand göttlicher Ekstase bei der Vereinigung mit Gott! Diese Geschichte berührte die empfindsamsten Winkel meines Herzens. Als ich an diesem

Abend wie gewohnt meditierte, stieg mein inneres Wesen auf den Flügeln der Kontemplation hinauf zu einem Ort von überirdischer Schönheit und himmlischer Musik. Spontan sah ich mich nach meinem geliebten Swami um. Ich war überzeugt, nur er konnte ein solches Netz von Schönheit und Musik weben; diese Stimmung verlangte geradezu nach seiner Gegenwart. Doch ich sah nur eine hoch aufragende geschlossene Tür in der Mitte der Szene. Als ich die Tür öffnete und eintrat, fand ich eine andere verschlossene Tür. Mit der brennenden Sehnsucht nach seinem *Darshan* in meinem Herzen öffnete ich diese Türe ebenfalls – und fand wiederum eine verschlossene Tür! Diese herzzerreißende Erfahrung ging so weiter, bis ich die siebte Tür öffnete. Dort verwandelte sich meine Qual in Ekstase, denn dort stand Swami und lächelte. Ich eilte zu ihm, sank vor ihm auf die Knie und rief: „Swami, ich musste sieben Türen öffnen, um hierher zu kommen."

Er lächelte liebevoll, sah hinter sich und sagte: **„Schau hinter mich, ich musste vierzehn Türen öffnen, um hierher zu kommen!"**

Ich ging nicht soweit, die Türen hinter ihm zu zählen, sondern zog es vor, seine göttlichen Lotosfüße mit meinen Lippen zu berühren; ich küsste sie mit der mich durchflutenden Freude der Vereinigung!

Erfahrungen wie diese waren die Höhepunkte meines inneren Erlebens in Alike. Aber ich musste auch die Talsohlen durchschreiten. Swami freute sich mit mir über die Höhepunkte und errettete mich aus den Talsohlen. So oder so, er war immer bei mir. Auf dem Weg der Seele gab es helles Mondlicht, aber auch dunkle Nächte. Es gab Zeiten, da führten die negativen Gefühle das Regiment oder eine unerträgliche Trockenheit im Gemüt gewann die Oberhand. Es gab auch Zeiten, da kamen Zweifel und Fragen auf. In solchen Augenblicken fand ich Zuflucht im Gebet und in der Wiederholung des Gottesnamens. Die Erinnerung an meine freudvollen Augenblicke mit Swami entzündete immer das Feuer starken Strebens in meinem Gemüt. Eine weitere wichtige Hilfe war *Satsanga*, der Kontakt zu ähnlich gesinnten Seelen. Selbstverständlich war Anna immer da, um uns zu helfen. Jeden Morgen, wenn nach dem gemeinsamen Gebet nur *Tyāga Jīvīs* anwesend waren, sprach er in der kleinen Gebetshalle von „Prem Kutir" über hochspirituelle Themen zu uns. Abends fanden die Treffen in einem Klassenzimmer statt. Dann nahmen außer den *Tyāga Jīvīs* auch alle Lehrer und Schulangestellten teil. Es ging um eher generelle Themen wie nationale Probleme, soziales Bewusstsein, Leben und Lehren der Heiligen und Schriften der verschiedenen großen Religionen. Anna stand uns auch zur Verfügung, um unsere persönlichen Zweifel zu beseitigen und persönliche Fragen zu beantworten. Normalerweise fanden diese persönlichen Gespräche nach dem Abendessen statt; sie dauerten manches Mal bis spät in die Nacht. Anna ging nicht eher schlafen, als bis er all unsere Zweifel geklärt und Fragen beantwortet und unser Gemüt Ruhe gefunden hatte.

Im Laufe der vielen Jahre hatte Anna eine wissenschaftliche Technik der Selbstbeobachtung entwickelt. Sie bestand in einer sorgsamen Beobachtung des eigenen Gemütes, um herauszufinden, welches Gefühl zu einem bestimmten Zeitpunkt überwog, und in der Technik, dieses Gefühl zu verändern, wenn es ein Hindernis für den spirituellen Erfolg darstellte. Im Allgemeinen unterteilte er die Funktion des Gemütes in drei Kategorien – die Gedanken, die Gefühle und den Gemütszustand. Er brachte anschauliche und lebhafte Beispiele, um sie voneinander unterscheiden zu können. Die Gefühle hatte er wiederum in drei Gruppen unterteilt: Zur ersten Gruppe gehörten die guten und positiven Gefühle, die einen weiterbrachten; zur zweiten Gruppe gehörten die schlechten oder negativen Gefühle, die Hindernisse auf dem spirituellen Weg waren, und zur dritten die neutralen Gefühle, die je nach Situation gut oder schlecht wurden. Anna brachte plastische Beispiele, um seine Klassifikation zu veranschaulichen. Im letzten Teil des Prozesses ging es um die Technik, wie man sich von negativen Gefühlen befreien und stattdessen positive Gefühle entwickeln konnte. Insgesamt gesehen war es eine sehr wirkungsvolle Strategie, um die Launen des Gemüts zu beobachten und zu beherrschen.

Zu Beginn meines Aufenthaltes in Alike stellte die Frage, welchen Weg ich auf meiner Reise nach Innen einschlagen sollte, ein ernsthaftes Dilemma für mich dar. Sollte ich den Weg des Handelns gehen oder sollte ich mich des Handelns enthalten? Meine damalige jugendliche Unreife verstärkte das Problem noch. Anna ging den Weg des ständigen Handelns zum Wohl der Welt. Aber ich war manchmal geneigt, der versponnenen Vorstellung von einem Leben des Rückzugs von allen Handlungen zu folgen und mich völlig einem Leben spiritueller Übungen wie Meditation, Kontemplation und Studium der heiligen Schriften zu widmen. Das Problem entstand in erster Linie, weil ich die Dynamik meines Gemütes nicht richtig verstand. Die langen Diskussionen mit Anna konnten mein Dilemma nicht lösen. Es verschärfte sich zu einer Krise, die einige Monate andauerte und mein Gemüt erheblich durcheinander brachte. Eine Weile lang waren auch Gebet und *Nāmasmarana* nicht wirksam. Es war eine der tiefsten Talsohlen in meinem inneren Erleben. Aber Swami errettete mich daraus auf seltsame Weise. Eines Nachts erschien er in meinem Traum und befahl mir: **„Studiere Pūrnayoga!"**

Ich wachte sofort auf. Sein Befehl klang mir in den Ohren. Aber ich konnte mich an kein Buch mit diesem Titel erinnern. In der folgenden Woche suchte ich nach diesem Buch, jedoch ohne Erfolg. Es war reine Nachlässigkeit meinerseits, dass ich die Angelegenheit danach vergaß. Nach 14 Tagen erschien Swami wieder in meinem Traum und fragte mich: **„Hast du Pūrnayoga studiert?"**

Seine Frage war mir peinlich und ich antwortete entschuldigend: „Swami, ich kenne kein Buch mit diesem Titel. Bitte vergib mir und sag mir, was ich tun soll."

Dann kam die Erläuterung des Allwissenden: **„Es ist Aurobindos Integraler Yoga!"**

Am nächsten Morgen suchte ich Anna in seinem Zimmer auf und erzählte ihm von meinen beiden Träumen. Er sagte, ich hätte Swamis Befehl im ersten Traum ernster nehmen müssen. Er bat mich, in seiner Büchersammlung, die einen großen Schrank füllte, nach Shrī Aurobindos „Der Integrale Yoga" zu suchen. Zu meiner größten Freude und Überraschung war das erste Buch, das ich hervorholte, Aurobindos „Der Integrale Yoga"! Das Studium und Nachsinnen über den Inhalt dieses Buches halfen mir, mein Problem zu lösen. Swami hatte mir klar den Weg gezeigt, den ich gehen sollte. Es war der Weg, den Anna ging. Es war der goldene, ausgewogene Mittelweg zwischen dynamischer Handlung und ruhiger Kontemplation, zwischen „Arbeit" und „Gottesverehrung". Mit Annas einfachen Worten gesagt – es war der Weg des „Karmayoga", auf dem man „Arbeit" als „Gottesverehrung" verrichtet, um „Weisheit" zu erlangen. Dies war der wesentlichste Teil des „Integralen Yoga", der eine Synthese der Kernlehren der drei Wege von *Bhakti*, *Karma* und *Jnāna* darstellte.

Niemand kann das Handeln völlig aufgeben, so lange er in dieser Welt lebt, es sei denn, man hat die alles umfassende Weisheit erlangt, hat keinerlei Bindung an den Körper mehr und ist völlig in der Glückseligkeit des Selbst versunken. Selbst ein solcher Mensch muss sich gemäß Krishna dem Handeln zum Wohle der Menschheit widmen. Um zu beweisen, dass man den Weg des Verzichts auf Handeln nicht einschlagen kann, wenn die Seele noch nicht bereit ist, besuchte durch göttliche Fügung eben zu jener Zeit ein *Samnyāsin* Sathya Sai Vihar. Er nannte sich „Yogi Ram" und war ein Experte in Yogāsanas (Yogaübungen) und Prānāyāma (Atemübungen). Er war auf der Suche nach einer Bleibe während der vier Monsunmonate (in denen *Samnyāsins* an einem Ort weilen) hierhergekommen. Anna brachte ihn für die Dauer seines Aufenthaltes in einer ruhigen Ecke des Geländes unter. Yogi Ram war sehr eigen, wenn es um seine Nahrung ging. Er gab eine detaillierte Beschreibung dessen, was er zu essen wünschte, wie auch die genaue Zeit, zu der er zu essen pflegte. Es war eine lange Liste von Nahrungsmitteln, die auch einige Liter Milch für morgens und abends beinhaltete. Abgesehen von einigen wenigen Stunden, an denen er morgens und abends Yoga-Übungen machte und meditierte, verbrachte er die restliche Zeit des Tages liegend oder er lief auf dem Gelände herum und sprach mit jedem, der ihm über den Weg lief.

Nach ein paar Tagen bat Anna ihn, die jungen Mitglieder von „Prem Kutir" Yoga und Prānāyāma zu lehren. Doch Yogi Ram weigerte sich, weil, so sagte er, dies zu Bindung an Menschen und an den Ort führen würde! Auch, so sagte er, habe er sich von allen sozialen Aktivitäten zurückgezogen. Er fand es aber nicht unpassend, von dieser Gesellschaft unterhalten zu werden! Er hatte sich von allen selbstlosen Handlungen zum Wohl seiner Mitmenschen zurückgezogen und dachte stattdessen nur an die selbstsüchtige Aktivität, wie er sich selbst erhalten konnte! Hätte er die ganze Zeit im Selbst versunken verbracht, wäre es etwas anderes gewesen.

Später erbat Anna die Hilfe des Yoga-Experten Shrī C.M. Bhat, eines Schülers des angesehenen Yogameisters Shrī Raghavendra Swamiji aus Malladihalli in Karnataka, um uns Yoga zu lehren. Shrī C.M. Bhat blieb 14 Tage in „Sathya Sai Vihar" und lehrte uns die grundlegenden Yoga- und Atemübungen, die für jeden, besonders aber für den spirituell Strebenden, sehr nützlich sind, um die Gesundheit und Vitalität des Körpers zu erhalten. Nach drei Jahren hatte ich das Glück, im *Ashram* in Malladihalli einige Yoga- und Atemübungen von Shrī Raghavendra Swamiji selbst zu erlernen.

7. Dem Ziel einen Schritt näher

Swamis Zusicherung: „**Ich werde dich immer näher und näher zu mir holen und dir das große Glück gewähren, Swami zu dienen**", war mir zur Stütze meines Lebens geworden. Als Swami mir diese Zusicherung gab, lebte ich in Bangalore. Nach meiner Ausbildung musste ich nach Manipal ziehen und dort einen Job annehmen. Bangalore liegt nur etwa 160 km von Puttaparthi entfernt, Manipal hingegen 480 km. Danach ging ich nach Alike, das 400 km von Puttaparthi entfernt ist. Manchmal fragte ich mich, ob die „Nähe", die Swami mir zugesichert hatte, „physisch" oder „spirituell" gemeint war! Aber in der Tiefe meines Herzens sehnte ich mich auch nach der physischen Nähe. In Alike machte mich Annas Zuneigung glücklich. Rückblickend kann ich nur sagen, dass die göttliche Planung, die das menschliche Leben beherrscht, für den menschlichen Verstand unergründlich ist.

Der Ruhm der Internatsschule in Alike verbreitete sich in ganz Karnataka. Die Schule zog Schüler aus dem ganzen Bundesstaat an. Auch Kinder angesehener Bürger aus meiner Heimatstadt Chikballapur und Umgebung kamen dorthin. Die Eltern dieser Kinder waren zutiefst beeindruckt von der Atmosphäre und dem Schulleben in Alike. Sie baten Anna sofort, eine ähnliche Schule in der Nähe von Chikballapur zu eröffnen. Natürlich gab es noch zwei ähnliche Bitten von Ortsvorstehern aus anderen Orten – die eine aus dem Bezirk Chitradurga und die zweite aus dem Bezirk Shimoga. In Chitradurga wurde ein freies Gelände für eine Schule zur Verfügung gestellt. Anna musste eine von den drei Ortschaften auswählen. Der göttliche Wille veranlasste ihn, Chikballapur zu wählen, die Stadt, durch die Swami fuhr, wann immer er von Puttaparthi nach Whitefield reiste. Angesehene Bürger von Chikballapur gründeten ein Komitee, um Loka Seva Vrinda bei der Errichtung der Schule zu helfen. Es wurde ernsthaft nach einem geeigneten Grundstück gesucht. Die Mitglieder des Komitees zeigten Anna und seiner Gruppe viele Grundstücke. Ich war Mitglied in Annas Gruppe und viele Orte, die wir gezeigt bekamen, kannte ich. Der vertrauteste Ort war Muddenahalli, der Geburtsort des angesehenen Ingenieurs und Staatsmannes und Empfänger des Bhārata Ratna-Ordens[5], Dr. M. Visweswarayya, allgemein bekannt als „Sir M.V.“.

Dieses Dorf liegt etwa sechseinhalb Kilometer südwestlich von Chikballapur in einer malerischen Gegend am Fuße der Nandi-Bergkette.

Die Umgebung von Sathya Sai Grama

„Sir M. V.“ starb 1961. Wie er es in seinem Testament gewünscht hatte, wurde sein Körper auf einem nahe beim Dorf gelegenen Grundstück verbrannt. Ich war damals 15 Jahre alt und war einer der vielen Verehrer und Bewunderer von „Sir M.V.“, die der Einäscherung beiwohnten. Auch heute noch ist „Sir M.V.“ für die Jugend dieser Gegend ein Idol, und sein heiliger Geburtsort ist ein Pilgerzentrum, insbesondere für Schüler und Studenten.

---

[5] Der Bhārata Ratna-Orden ist der höchste Orden in Indien, der als Anerkennung für außerordentliche Verdienste auf den Gebieten des öffentlichen Gemeinwesens, der Kultur, der Wissenschaft und der Literatur verliehen wird.

Auf Empfehlung des Komitees beschloss Anna schließlich, die Schule auf einem höher gelegenen Grundstück südlich von Muddenahalli zu bauen. Ich war außer mir vor Freude, als ich zum Sekretär des Loka Seva Vrinda-Zweiges in Muddenahalli erwählt wurde, denn dieser Ort lag etwa in der Mitte der Strecke Puttaparthi – Whitefield. Swami hatte mir geholfen, ihm einen Schritt näher zu kommen!

Es gab viele Hürden zu überwinden, ehe die Schule eröffnet werden konnte. Das ganze Leben ist eine Zeit der Übung, um uns zu unserer höchsten Bestimmung, der Einheit mit Gott, zu führen. Das gilt für jedes Wesen im Universum, aber noch mehr für den spirituell Strebenden, der ernsthaft um Gottverwirklichung bittet. Die sogenannten Hürden und Prüfungen im Leben sind Wegbereiter für eine Beförderung auf eine höhere Ebene spiritueller Entwicklung. Oft schaffen wir selbst diese Hürden durch unsere falsche Einschätzung der Menschen und Dinge. Aber dennoch helfen sie uns, uns weiterzuentwickeln, und auch Gottes helfende Hand ist immer bereit, uns auf dem Weg weiterzuführen.

Obwohl schon 1970 mit der Errichtung der Schule in Muddenahalli begonnen wurde, konnte sie wegen anfänglicher Rückschläge erst im Juni 1973 eröffnet werden. Swamis göttliche Zusicherung, dass das Schulprojekt Erfolg haben werde, war die treibende Kraft, die uns durch die Höhen und Tiefen in diesen drei Jahren half. Swami gab uns diese Zusicherung unter seltsamen Umständen.

Es gab viele Politiker in dem Komitee prominenter Bürger des Bezirks Chikballapur; dieses Komitee war gegründet worden, um bei der Errichtung der Schule behilflich zu sein. Viele Komiteemitglieder wussten nichts über Swami und seine Methoden. In seinem missionarischen Eifer wollte Anna mit ihnen nach Puttaparthi fahren, damit sie den göttlichen *Darshan* und Segen erhielten; und so kamen alle Mitglieder des Komitees, Anna und ich selbst an einem Juninachmittag 1970 zur Zeit des Abend-*Darshans* nach Puttaparthi. Wir saßen, zwei gegenüberliegende Reihen bildend, auf der Veranda vor dem *Mandir*. Ich saß neben Anna. Swami kam heraus, sah uns alle an, ging dann auf Anna zu und blieb vor ihm stehen. Swami sah sehr verärgert aus, und es war das erste Mal, dass ich Swami mit einem ärgerlichen Gesicht sah. Ich war ganz verschreckt. Swami tadelte Anna: **„Narayan Bhat, du scheinst dein Unterscheidungsvermögen verloren zu haben … Du verdirbst eine sehr gute Institution!“**

Er verließ die Veranda rasch und ging in den Hof, wo einige hundert Devotees auf *Darshan* warteten.

Als Swami bei den Devotees umherging, war er, wie immer, nur Liebe und Wohlwollen. Die Worte, die Swami an Anna gerichtet hatte, waren laut genug gewesen, dass wir alle sie hören konnten. Ich war völlig fassungslos und folgerte, dass Swami nicht wollte, dass wir eine Schule in Muddenahalli errichten! Ich dachte, Anna müsse ähnliches empfinden. Ich konnte nicht ergründen, was in den Gemütern der Komiteemitglieder vorging. Viele waren zum ersten Mal nach Puttaparthi gekommen. Wir saßen schweigend da und beobachteten Swami, wie er bei den Devotees umherging. Er wählte einige Devotees für ein Interview aus, und als er schließlich die Veranda betrat, gab er einem der Komiteemitglieder ein Zeichen, in den Interviewraum zu gehen. Keiner von uns hatte das erwartet. Swami hatte das älteste Komiteemitglied für ein Interview gewählt. Der Mann war über 70, ein ungebildeter Bauer, der die Politik gemieden hatte. Er stand auf und ging mit den anderen Devotees in den Interviewraum. Swami verschwand auch im Raum und schloss die Tür. Wir standen auf und verließen schweigend das *Mandir*-Gelände in Richtung der dahinterliegenden Hügel. Anna brach das peinliche Schweigen und sagte: „Ich habe sicherlich einen Fehler begangen, sonst wäre Swami nicht so böse auf mich gewesen!“

Es war eine kindliche Bescheidenheit in seiner Stimme. Eines der Komiteemitglieder, dem es nicht gefallen hatte, dass Swami Anna in Gegenwart so vieler Leute tadelte, sagte: „Sir, Sie sind eine so bedeutende Persönlichkeit. Wie kann Sai Baba Sie so herabsetzen?“

Viele stimmten seiner Frage zu. Anna war ein Bild der Hingabe und Ergebenheit als er sagte: „Bitte, sprecht nicht respektlos über Swami. Was immer er tut ist richtig und zu unserem Besten.“

Ein anderes Mitglied sagte verärgert: „Wir respektieren Sie mehr als Sai Baba. In Wirklichkeit sind wir hierher gekommen, weil Sie uns hierher geführt haben. Wir wollen Sie und nicht ihn!“

Plötzlich fand eine völlige Veränderung in Anna statt und er sagte in bestimmtem Ton: „Swami ist Gott. Wenn ihr ihn nicht wollt, dann will ich euch nicht! Wir kamen hierher, um Swamis Segen für die Schule zu erbitten. Wir können mit dem Unternehmen nicht ohne seinen Segen fortfahren.“

Die Bestimmtheit, mit der Anna das gesagt hatte, brachte alle zum Schweigen. Wir ließen die beiden Autos, mit denen wir gekommen waren, vorfahren und warteten darauf, dass der ältere Mann aus dem Interviewraum kam. Die Komiteemitglieder waren selbstverständlich gespannt, warum Swami nur einen von ihnen zum Interview geholt hatte, und zudem jemanden, der ihrer Meinung nach nicht so wichtig war! Anna gab sich der Selbstbeobachtung und Kontemplation hin, und ich zerbrach mir den Kopf, wie wohl alles enden würde. Nach einer Weile kam der alte Mann aus dem Interviewraum und gesellte sich zu uns. Er strahlte übers ganze Gesicht und verkündete uns freudig: „Baba hat gesagt, dass die Schule in ein paar Jahren erfolgreich sein und sich einen guten Namen und großes Ansehen verdienen wird; doch dann wird niemand von uns mehr mit der Schule zu tun haben! Er hat uns gesegnet und gesagt, wir sollen mit der Schule weitermachen."

Diese Verkündigung verwirrte uns völlig; sie gab uns allerhand zu denken. Die Rückreise nach Chikballapur am Abend verlief in großem Unbehagen. Doch Swamis Worte an diesem Tag erwiesen sich im Laufe der Jahre als prophetisch.

In den nächsten zehn Monaten erlebte das Schulprojekt Höhen und Tiefen. Es war ein Leichtes, innerhalb von drei Monaten 20 Morgen Land in der vorgesehenen Gegend zu erwerben. Die Leute in der Umgebung reagierten positiv und leisteten freiwillige Beiträge. Doch im Komitee fand eine Spaltung statt. Grund hierfür waren die unterschiedlichen politischen Zugehörigkeiten. Sicher, einige Mitglieder verhielten sich auch neutral. Im März 1971 spitzten sich die Dinge zu. Das Komitee wurde eher zu einem Hindernis als zu einer Hilfe. Anna fand, dass Loka Seva Vrinda sich aus der ganzen Angelegenheit zurückziehen sollte. Es gab noch einen anderen Grund, das Schulprojekt in Muddenahalli auf Eis zu legen. Anna hatte hohe Darlehen aufgenommen, um die Schule in Alike zu fördern. Die Organisation hätte keine Mittel in die Schule in Muddenahalli investieren können ohne beträchtliche finanzielle Unterstützung aus der Umgebung. Loka Seva Vrinda zog sein Personal aus Muddenahalli ab, und ich kehrte nach Alike zurück. Doch wir lösten das Komitee in Chikballapur nicht auf; das Land und einige Mittel verblieben beim Komitee. Die göttliche Versicherung bezüglich der Schule in Muddenahalli hielt uns davon ab, das Projekt zu beenden. Aber die Situation war derart, dass wir fast alle Hoffnung aufgaben.

Es war wiederum Swami, der unsere Hoffnung aufleben ließ. Im Mai 1971 fand im göttlichen Beisein von Swami eine Konferenz der Shrī Sathya Sai Organisationen in Dharwar statt. Anna nahm an dieser Konferenz teil. Er saß inmitten einer großen Gruppe von Delegierten; Swami kam auf ihn zu und fragte ihn: **„Was ist mit der Schule in Muddenahalli?“**

Anna überraschte diese unerwartete Frage und er sagte bescheiden: „Swami, wir mussten für die Schule in Alike viele Darlehen aufnehmen und deshalb haben wir jetzt Schwierigkeiten, das Schulprojekt in Muddenahalli in die Wege zu leiten.“

Die Unterhaltung zwischen den beiden fand auf Kannada statt. Swami lächelte und spielte mit den Worten, die Anna in Kannada gesagt hatte: **„Eure Darlehen werden zurückgezahlt werden, wenn ihr mit dem Schulprojekt in Muddenahalli beginnt!“**

Anna fügte sich dem göttlichen Befehl, der sich zu gegebener Zeit verwirklichte.

Unsere Bemühungen, das Schulprojekt in Muddenahalli wiederzubeleben, waren erfolgreich, als das Komitee in Chikballapur aufgelöst und das Land und die spärlichen Mittel, die das Komitee verwaltet hatte, auf Loka Seva Vrinda überschrieben wurden. Mit einem Schlag verschwanden alle Komiteemitglieder von der Bildfläche. Noch bevor mit dem Schulprojekt begonnen wurde, war ein Teil der göttlichen Prophezeiung Wirklichkeit geworden! Ich ging zurück nach Muddenahalli. Nun wurde ernsthaft mit dem Bau der Schulgebäude begonnen. Die Tatsache, dass ich damals erst 25 Jahre alt war, zeigt, welch enormes Vertrauen Anna in die Jugend hatte.

Für mich war dies eine Zeit der Prüfung und Herausforderung, sowohl körperlich als auch geistig. Ich hatte nur noch einen anderen Kollegen aus Alike zur Seite. Wir führten ein sehr spartanisches Leben. Wir kochten unser Essen selbst, dabei waren wir beide schlechte Köche! Tagsüber arbeiteten wir auf der Baustelle und nachts schliefen wir dort im Freien, denn wir konnten uns keinen Nachtwächter leisten, der auf die Baumaterialien aufpasste. Wir beaufsichtigten die Maurerarbeiten und das Zuschneiden der Steine für das Gebäude. Das Brennen der Ziegel im Ofen nahm die ganze Nacht in Anspruch. Wir führten Buch über die Ausgaben und beschafften auch Gelder für den Bau. Das einzige Transportmittel, das uns zur Verfügung stand, war ein altes Fahrrad, mit dem wir nach Chikballapur fuhren, wenn es dort etwas zu erledigen gab. Anna konnte dem Muddenahalli-Projekt nur drei Tage im Monat widmen und kam gewöhnlich zum Ende des Monats. Er bewunderte unsere harte Arbeit und ermutigte uns weiterzumachen. Unsere größte Quelle der Inspiration war die Hoffnung, dass Swami eines Tages diesen Ort aufsuchen würde, denn er lag nur sechseinhalb Kilometer von der Hauptstraße entfernt, auf der er zwischen Puttaparthi und Whitefield hin und her pendelte. Auch Swamis Segen für das Schulprojekt, den er in Dharwar ausgesprochen hatte, beflügelte uns.

Wann immer Anna nach Muddenahalli kam, verbrachte er ein oder zwei Tage damit, Mittel aufzutreiben. Ich führte ihn dann zu den potentiellen Spendern in Chikballapur und Umgebung. Viele betrachteten Annas Besuch in ihrem Heim als einen großen Segen. Da es damals auf dem Schulgelände keine Unterbringungsmöglichkeiten gab, wohnte Anna während seiner Tage in Muddenahalli bei uns zu Hause in Chikballapur. Meine Eltern betrachteten es als ein großes Privileg, einen so heiligen und wohltätigen Menschen beherbergen zu dürfen. Anna und mein Vater waren durch ein sehr tiefes Band der Liebe und des Respekts miteinander verbunden.

Nun muss ich über ein Ereignis aus jenen Tagen berichten. Es war zur Zeit des Ganesha-Festes. Ein gut situierter älterer Herr lud Anna zu sich nach Hause ein. Er war ein Gönner unseres Schulprojektes und hatte sich sehr bemüht, Unterstützung für die Schule zu mobilisieren. Er war tief religiös und menschenfreundlich. Anlässlich dieser Gelegenheit hatte er auch einige Verwandte und Freunde eingeladen. Anna sprach vor der kleinen Versammlung über Swamis Liebe zu seinen Devotees und erzählte von einer Begebenheit, als Swami einem Devotee in höchster Not auf wundersame Weise zu Hilfe gekommen war. Als er seine Erzählung beendet hatte, weinte der ältere Gastgeber vor Rührung und sagte mit erstickter Stimme: „Nur Swami kann meine Ehre retten!"

Und dann sprach er über sein Dilemma. Er war der Vorsitzende des Ganeshafest-Komitees der Stadt, das die 21 Tage dauernden Festlichkeiten in großem Rahmen organisierte, einschließlich der Errichtung einer großen Ganeshafigur. Am letzten Tag würde die Ganeshafigur in einer Prozession durch die Hauptstraßen der Stadt geführt und zum Schluss in einem großen See außerhalb der Stadt versenkt werden. In diesem Jahr war die Ganeshafigur fast sieben Meter hoch. Die Figur sollte in einer Woche versenkt werden und der See war so gut wie ausgetrocknet. Es herrschte Dürre in der Gegend, denn das ganze Jahr über war kein Regen gefallen. Die Ganeshafigur konnte nur versenkt werden, wenn der See voll war. Anna war sehr gerührt über seine seltsame missliche Lage und sagte: „Swami ist niemand anders als Ganesha. Er ist der ‚Sarva

Devata Svarūpa' (die Verkörperung aller Götter). Wir wollen ihn um Regen bitten. Er wird uns sicherlich helfen!"

Wir sangen Bhajans und beteten um Regen. Die göttliche Antwort auf die Gebete kam in Form heftiger Regenfälle in jeder Nacht während der nächsten fünf Tage, so dass der See am Tag, an dem die Ganeshafigur versenkt werden sollte, voll war! Am Tag der Versenkung gab es rührende Szenen von Dankbarkeitsbekundungen an den gnädigen Herrn.

Es gab noch eine andere Begebenheit, die mir Anna in einem erhabenen Licht zeigte und eine wichtige Lehre für mich war. Einmal führte ich Anna und zwei unserer Freunde aus der Stadt zu einem Haus in unserer Nachbarschaft. Es war sieben Uhr abends, als wir das Haus betraten. Ohne dass ich einen Fehler begangen hätte und ohne jeden Grund, wies der Gastgeber mich in Gegenwart Annas und der anderen zurecht. Der Gastgeber war einer unserer vertrauten Nachbarn. Ich war sehr verletzt und beschämt. Anna wusste, dass der Gastgeber mit seinen groben Worten mir gegenüber übertrieb. Dann bot der Gastgeber uns etwas zu essen an. Alle außer mir bedienten sich. In meinem jugendlichen Zorn wollte ich, als Protest dem Gastgeber gegenüber, in diesem Haus nichts essen. Anna beobachtete mich mit liebevollem Verständnis und gab mir ein Zeichen, dass ich etwas essen solle, was ich widerstrebend tat. Ich fühlte mich elend. Nach einiger Zeit verließen wir das Haus, und die beiden Freunde kehrten nach Hause zurück. Anna und ich gingen zu unserem Haus. Es war niemand auf der schwach beleuchteten Straße. Ich ging zwei Schritte hinter Anna und konnte mich nicht mehr beherrschen. Ich brach mit hörbarem Schluchzen in Tränen aus. Anna drehte sich um, hielt mit einer Hand meine Hand und wischte mit der anderen sanft meine Tränen fort. Perlen der Weisheit flossen von seinen Lippen: „Murthy, wer den Weg des Dienens für die Gesellschaft geht, sollte jeden wie ein Kind behandeln. Manche sind noch kleine Kinder, manche sind erwachsene Kinder, das ist alles. Auch wenn du noch jung bist, solltest du dennoch diese großmütige Haltung fördern!"

Das sind Worte, die Gold wert sind, denn sie kamen aus einem goldenen Herzen.

Rasch entstanden einfache Gebäude mit Ziegeldächern auf dem Schulgelände. Das eine Gebäude war das Jungenwohnheim und das andere die Schule. Es mangelte uns an Mitteln, und so wurde beschlossen, die High School im Juni 1973 mit nur einer Klasse, der achten, zu beginnen und die nächsten Klassen bis zur zehnten in den darauffolgenden Jahren hinzuzufügen. Die Regierung von Karnataka gab uns die erforderliche Erlaubnis. Als Swami im April 1973 die Stadt Manipal im Bezirk Dakshina Kannada besuchte, bat Anna ihn, dem Schulgelände in Muddenahalli einen angemessenen Namen zu geben. Swami segnete freundlicherweise den Namen „Sathya Sai Grama". „Sathya Sai Grama" heißt „das Dorf von Sathya Sai" – ich war begeistert.

1973

2003

Die Schule wurde am Morgen des 11. Juni 1973 durch eine schlichte, aber würdige Feier in Gegenwart des Erziehungsministers von Karnataka und des Leiters des bekannten Dharmasthala Shrī Manjunatha Kshetra eingeweiht. Hunderte von Sympathisanten und Sai-Devotees wohnten der Feierlichkeit bei.

Eine Begebenheit, die sich am Tag nach der Schuleinweihung ereignete, ist es wert, erwähnt zu werden. Wie schon zuvor berichtet, fehlte es der Organisation an Mitteln. Für die Bauarbeiten in Muddenahalli hatten wir jeweils einen Vorarbeiter für die Maurer- und Tischlerarbeiten aus Alike geholt. Wir hatten ihnen zugesichert, dass wir sie am Tag nach der Schuleinweihung mit ihrem Lohn nach Hause zurückschicken würden. Beide waren, fern von ihren Familien, ohne Unterbrechung drei Monate lang in Muddenahalli gewesen und nun zog es sie nach Hause zurück. Am Abend vor der Einweihung rechnete ich ihren Lohn aus; er belief sich auf einige tausend Rupien. Zu meiner größten Bestürzung musste ich feststellen, dass wir gar nicht so viel Geld in der Kasse hatten. Als ich Anna dies mitteilte, tadelte er mich für meine Nachlässigkeit und die Gleichgültigkeit den Arbeitern gegenüber.

Ich verbrachte eine schlaflose Nacht, in der ich zu Swami betete, er möge mir helfen. Ich hatte inzwischen viele Zeichen von Swamis Gnade, die uns bei unserem Schulprojekt in Sathya Sai Grama half, selbst erlebt und gesehen. Einmal hatte ich Swami in einem Traum gesehen; er stand mitten auf dem Schulhof und wurde zu einer kosmischen Gestalt mit unzähligen Händen. Mit diesen Händen gab er uns alle Baumaterialien, die wir für die Gebäude benötigten. Ich vertraute darauf, dass Swami uns nicht im Stich lassen würde. Aber die Art und Weise, wie es dann geschah, war einfach wunderbar. Am nächsten Morgen gegen sieben Uhr kamen zwei ältere Männer auf einem Motorroller. Noch bevor ich irgendetwas sagen konnte, legte einer der Männer ein Geldbündel auf meinen Schreibtisch und sagte, er habe der Einweihungsfeier am Vortag beigewohnt und sei sehr beeindruckt und erfreut über die gute Arbeit, die wir leisteten. Er bat mich, das Geld als seinen Beitrag zum Schulbau anzunehmen. Zu meiner größten Freude und meinem höchsten Erstaunen stellte ich fest, dass es genau der Betrag war, den wir benötigten, um den beiden Vorarbeitern aus Alike ihren Lohn zahlen zu können! Ich fragte ihn: „Was veranlasste Sie, so früh am Morgen zu kommen?“

Er erklärte: „Wenn ich morgens aufstehe, betrachte ich als erstes das Bild von Gott *Venkateshvara* und bringe ihm meine Ehrerbietung dar. Als ich das heute Morgen tat, hatte ich das Gefühl, Gott wollte, dass ich hierherkomme und der Schule diesen Betrag spende. Ich wollte seinen Befehl ausführen, bevor ich irgendetwas anderes in Angriff nehme."

Ich hatte Tränen der Dankbarkeit in den Augen.

8. Ein kleiner Himmel auf Erden

Die Schule in Sathya Sai Grama begann im ersten Jahr mit nur 27 Schülern. Die Atmosphäre auf dem Schulgelände erinnerte mich an ein altes *Gurukula*, wo Schüler und Lehrer eng verbunden wie in einer Familie lebten.

Es war ein sehr angenehmes Leben, auch wenn die vorhandenen Einrichtungen nicht wirklich komfortabel waren. Wir lebten zusammen, beteten gemeinsam, spielten miteinander, aßen und arbeiteten gemeinsam und lernten zusammen. Wir arbeiteten auf den Feldern, die zum Schulgelände gehörten, und pflanzten viele verschiedene Sorten von Obstbäumen: Kokosnuss, Mango, Kochbananen, Guava, Sapotas, Zitronen und Granatäpfel. Auch wuchsen dort viele Bäume, die dekorativen Zwecken dienten, sowie Bäume, die Alleen bildeten. Wir versuchten uns auch im Anbau von Gemüse für unsere Küche und in der Aufzucht von Kühen und Kälbern.

Wenn wir heute dort hinfahren, sehen wir ausgedehnte Gartenbaubetriebe und große Bauernhöfe und eine gut geführte Molkerei mit mehr als 50 Kühen. Auf dem Gelände von etwa 100 Morgen Land gibt es mehr als 5 000 verschiedene Bäume.

Swamis wertvollstes und köstlichstes Geschenk in jenen frühen Tagen des Sathya Sai Grama war die Gelegenheit, mit jungen spirituellen Aspiranten reinen Herzens zusammenarbeiten zu können; es war eine hingebungsvolle Gruppe von Lehrern und Aufsichtspersonal. Alle hatten sich dem zweifachen Ideal von „Gotterkenntnis und Wohlergehen der Welt“ verschrieben. Anna hatte sehr junge Männer ausgewählt, um mit mir im Sathya Sai Grama zu dienen. 1973 war ich mit 26 Jahren der älteste von allen! Das brüderliche Verhältnis, das sich in unseren jungen und zarten Herzen entwickelt hatte, schaffte eine himmlische Atmosphäre. Wir lebten in unserem kleinen Himmel unter dem Vorsitz unseres Gottes Sathya Sai. Es sind nostalgische Erinnerungen aus jenen Tagen, denn die spirituellen Brüder, mit denen ich damals dort lebte, waren wie

Engel. Die kleinen Kinder, die bei uns lebten, waren die wirklichen Engel in diesem Himmel, den unser Engelvater Anna jeden Monat besuchte. Während seines Besuches herrschte Feststimmung auf dem Schulgelände. Jene abendlichen spirituellen Diskussionen auf dem offenen Hof unter dem Sternenhimmel waren sehr inspirierend und bleiben unvergesslich. Wenn Anna wieder in Alike war, schrieb er uns regelmäßig anregende und mitreißende Briefe. Wir warteten ungeduldig und gespannt auf diese Boten der Liebe und Inspiration.

Unsere Reisen nach Prashānti Nilayam zu fast allen Festtagen waren der Höhepunkt unseres Daseins in jenen Tagen. Freudig nahmen wir jedes Wort von Swamis himmlischen Reden an den Festtagen in uns auf. Vor unserer Rückreise nach Sathya Sai Grama gewährte Swami uns liebenswürdigerweise jedes Mal das begehrte *Padanamaskar* und *Prasadam.*

Einmal war ich nach Puttaparthi gefahren, um einen Schulprospekt von Swami segnen zu lassen. Der Prospekt war farbenfroh verpackt – in blaues Papier mit rotem Band. Swami kam zu mir, entfernte Band und Papier, nahm das Buch in die Hand und fragte mich: **„Was ist das?"**

„Swami, das ist der Prospekt unserer Schule", antwortete ich.

Swami lächelte und witzelte: **„Das ist der Prospekt (prospectus) eurer Schule! Und wie sind deine Aussichten (prospects) für die Zukunft?"**

„Und wie sind deine Aussichten für die Zukunft?"

Ich brauchte eine Weile, um die Bedeutung seiner Worte zu begreifen. Als mir dämmerte, was er damit meinte, antwortete ich: „Swami, die sind in deinen Händen!"

Swami strich sanft mit dem Prospekt über meinen Kopf und ging weiter. Als ich später über Swamis gnädige Worte nachdachte, war mein Herz von Dankbarkeit erfüllt. Der Einzelne ist für Swami wichtiger als die Arbeit, die er tut. Darum sagt er: **„Die Menschen sind wichtiger als aller Reichtum der Welt!"**

Er will, dass seine Anhänger sich spirituell weiterentwickeln, indem sie seine Arbeit tun. Unsere normale Tendenz, Swami zu vergessen, während wir seine Arbeit tun, muss bewusst beseitigt werden. Wir sollten niemals unser höchstes Ziel und die Aussicht auf Einssein mit ihm aus den Augen verlieren. Um wahres Wissen zu erlangen, sollte man alle Arbeit als Gottesverehrung tun. Nur das stellt sicher, dass wir wirksame Arbeit leisten und fähige Instrumente in seinen Händen werden.

Viele der 27 Jungen, die im ersten Jahr in unsere Schule kamen, waren aus akademischer Sicht sehr zurückgeblieben, und wir mussten harte Arbeit leisten. Jeder Schüler wurde persönlich betreut. Ich wählte die schwächsten unter ihnen aus und brachte ihnen Grundkenntnisse in Kannada (Landessprache von Karnataka) und Englisch bei. Drei Jahre intensive Arbeit wurden schließlich belohnt, als die Schule bei den staatlichen Abschlussprüfungen der Oberschule 100 Punkte (von 100) erreichte. Es war das erste Mal überhaupt, dass eine Schule in dem rückständigen Kolar-Bezirk ein solches Ergebnis erzielte. Die Schule wurde sofort als eine der besten Schulen in Karnataka berühmt. Swami, der uns mit diesem Erfolg gesegnet hatte, war höchst erfreut darüber.

Zu jener Zeit hatte die Schule bereits über 100 Schüler. Die Anzahl verdoppelte sich, als im nächsten Jahr eine Mittelschule und eine Englischabteilung in der Oberschule eingerichtet wurden. Die Schule hatte sowohl Internatsschüler als auch Tagesschüler, die aus den umliegenden Dörfern kamen. Die Internatsschüler wurden aus einer großen Anzahl von Bewerbern aus ganz Karnataka ausgewählt und mussten eine Aufnahmeprüfung machen.

Heute hat Sathya Sai Grama über 800 Schüler, davon 680 Internatsschüler. Dieselbe hingebungsvolle Gruppe von Arbeitern – die *Tyāga Jīvis* –, die sich in den ersten Jahren dem Sathya Sai Grama angeschlossen hatten, ist auch heute noch der Kern der Institution. Heute sind sie natürlich körperlich nicht mehr jung, aber geistig sind sie immer noch jung. Sie bleiben weiterhin der Mission ihres zeitlosen Herrn, Shrī Sathya Sai Baba, verschrieben.

In den ersten Jahren von Sathya Sai Grama kam einmal ein sehr weiser Besucher in unsere Schule: Shrī Raghavendra Swamiji aus Malladihalli. Er war ein sehr bekannter Yoga-Meister, der über hundert Jahre alt wurde. Er leistete gute Dienste auf den Gebieten Bildung, Yoga und indische Medizin. Als er 1975 Sathya Sai Grama besuchte, war er zwar schon über 90, sah aber für sein Alter doch jung und agil aus. Er besichtigte das gesamte Schulgelände und würdigte das Gesehene: „Das ist ein wundervoller Ort für ein spirituelles Studium."

„Es muss aber noch viel getan werden", sagte ich.

Er antwortete: „Arbeit allein genügt nicht. *Tapas* (spirituelle Übungen) ist nötig. Wahre Arbeit wird durch Bußübungen geleistet und nicht nur durch Verrichten von Arbeiten."

Wir gingen in den Gebetsraum und er legte sich der Länge nach vor Babas Bild hin. Ich stellte ihm eine Frage, die ich hinterher als dumme Frage erkannte: „Swamiji, hast du *Bhagavān* Baba gesehen?"

Er lachte und sagte: „Ich sehe ihn in jedem Augenblick und an allen Orten!"

Dann erzählte er von einer Begebenheit, die sich ereignet hatte, als einer seiner Schüler das erste Mal nach Prasanthi Nilayam fuhr und Baba sah.

Baba fragte ihn: **„Kannst du dich erinnern, wir fuhren einmal in einer Vollmondnacht gemeinsam in einem Ochsenkarren?"**

Der Mann war verwirrt, denn er hatte zum ersten Mal Babas *Darshan.* Er sagte: „Nein, Baba!"

Baba lächelte und sagte: **„Wie kannst du das vergessen? Bist du nicht vor zwanzig Jahren in einer Vollmondnacht mit deinem Guru in einem Ochsenkarren gereist?"**

Baba gab ihm einen leichten Klaps auf den Kopf. Da erinnerte sich der Schüler lebhaft an die Reise mit seinem Guru Shrī Raghavendra Swamiji in einem Ochsenkarren. Ich hatte eine gute Lektion gelernt, nämlich dass wir äußerst vorsichtig sein sollten, wenn wir mit Heiligen und Yogis sprechen, die ihre Einheit mit aller Existenz erkannt haben. Es heißt: „Brahmavid brahmaiva bhavati" – Wer Brahman (Gott) erkennt, wird selbst zu Brahman.

In der Stadt Chikballapur, die etwa sechs Kilometer von Sathya Sai Grama entfernt liegt, gab es viele Sai-Devotees. Sie baten uns, an den

Aktivitäten ihres *Sri Sathya Sai Seva Samiti* teilzunehmen. Sie hatten ein sehr schönes Zentrum im Norden der Stadt. Dieses Zentrum war in der Stadt als „Sri *Yogeshvara Mutt*“ gut bekannt. Shrī *Yogeshvara* war ein Heiliger, der vor einigen Jahrzehnten an diesem Ort *Mahāsamādhi* erreicht hatte. In der Stadt lernte ich einen älteren Sai-Devotee kennen, der ein Schüler Shrī *Yogeshvaras* gewesen war. Einige Tage bevor der Heilige seine sterbliche Hülle verließ, sagte er seinen Schülern, dass für ihn nun die Zeit gekommen sei, die Welt zu verlassen. Die Schüler flehten: „Meister, wenn du gehst, werden wir und dieser Ort zu Waisen!“

Der neunzigjährige Weise erwiderte: „Jeder muss die Welt zu der ihm bestimmten Zeit verlassen. Gott ist die einzige Zuflucht für alle; verliert nicht den Mut. Später wird der wirkliche Herr der Yogis, der wahre *Yogeshvara*, hier an diesem Ort verehrt und angebetet werden!“

Wie er es vorhergesagt hatte, wurde der Ort zehn Jahre später zu einem Zentrum der spirituellen Aktivitäten des *Sri Sathya Sai Seva Samiti.* Jeden Tag wird dort ein lebensgroßes Portrait von Shrī Sathya Sai Baba verehrt. Auf dem Altar steht auch eine silberne Figur von Shrī Shirdi Sai Baba.

Im Laufe der Zeit gründeten wir eine Mittelschule, in der den jungen Schülern Sai-Ideale vermittelt wurden. Heute ist das Zentrum von spirituellen, erzieherischen und selbstlosen Aktivitäten erfüllt. Viele von Swamis treuen Anhängern haben das Zentrum besucht. An der Spitze stehen Shrī Kasturi und Dr. Vinayak Krishna Gokak. Sie sprachen in der nahegelegenen Stadt vor einem großem Publikum über Sai und erklärten seine Lehren. Einmal leitete Dr. Gokak eine große Prozession von Devotees und Studenten des Sathya Sai Grama mit einem lebensgroßen Bild von Swami auf einem Wagen durch die Hauptstraßen von Chikballapur. Sowohl Shrī Kasturi als auch Dr. Gokak waren voll des Lobes über die gute Arbeit des Sathya Sai Grama; für uns waren ihre Besuche auf dem Schulgelände sehr inspirierend.

In den ersten Jahren von Sathya Sai Grama musste ich im Zusammenhang mit der Schule häufig Angelegenheiten in Chikballapur erledigen. Immer wenn ich Arbeit in der Stadt zu erledigen hatte, schaute ich zu Hause bei meinen Eltern vorbei. Bei einem meiner Besuche waren alle in großer Panik, verursacht durch den kleinen dreijährigen Sohn meiner Schwester. Er hatte versehentlich eine Münze verschluckt, die ihm im Hals steckengeblieben war. Er rang nach Atem und die Tränen liefen ihm über die Wangen. Seine Mutter weinte hilflos und meine Mutter sang Swamis heiligen Namen. Als ich gerade dachte, dass man doch den Arzt rufen sollte, schoss der Kopf des Jungen plötzlich nach vorne, ganz so als ob jemand ihn von hinten gestoßen hätte, und die Münze fiel aus seinem Mund. Wir seufzten alle erleichtert auf und dankten Swami. Erst am nächsten Morgen erfuhren wir, was wirklich geschehen war. Schon als Kleinkind hatte mein Neffe eine heilige Pflicht übernommen, die er jeden Morgen ausführte. Während meine Mutter in der Küche das Frühstück zubereitete, stand er mit einem Teller neben ihr. Nachdem sie ihm Essen auf den Teller getan hatte, ging er sofort mit dem Teller in den Gebetsraum, stellte ihn mit einer Verneigung vor Swami hin; dann verließ er den Gebetsraum und schloss die Tür hinter sich. Selbstverständlich war er selbst der Nutznießer dieses hingebungsvollen Aktes, da er das Swami dargebotene Essen danach aß!

Doch am Morgen nach dem Zwischenfall mit der Münze erschien er nicht in der Küche, als meine Mutter das Frühstück zubereitete. Er antwortete auch nicht, als sie ihn rief. Meine Schwester suchte ihn und fand ihn schließlich schmollend in einer Ecke des Hofes sitzen. Er versuchte, sich zu verstecken. Die Wahrheit kam erst heraus, als meine Schwester ihn in die Küche brachte und meine Mutter ihn bat, den Teller zu holen. Schluchzend machte er seiner Furcht Luft: „Ich gehe nicht zu Swami …, ich werde nie wieder den Gebetsraum betreten …, gestern kam Swami aus dem Foto da heraus und gab mir einen Schlag in den Nacken!“

Während er sprach zeigte er auf eines von Swamis Fotos an der Wand und dann auf die Stelle im Nacken, wo er geschlagen worden war! Für uns war es eine Offenbarung, die unser Herz mit Dankbarkeit erfüllte. Der Kleine verstand nicht, dass Swami ihn geschlagen hatte, um ihn zu retten. Auch wir Erwachsene reagieren oft in derselben Weise. Widrigkeiten widerfahren uns, um uns zu züchtigen und zu erlösen, aber wir geben Gott die Schuld. Oft wird unser Vertrauen getrübt und manchmal wenden wir uns sogar von ihm ab. Die Weisen haben oft gesagt, dass Schwierigkeiten und Niederlagen nützlicher für uns sind als Freuden und Gewinn.

Um Sathya Sai Grama herum lagen im Umkreis von etwa fünf Kilometern acht Dörfer. Wir nahmen Kinder aus diesen Dörfern als Tagesschüler in unsere Schule auf. In diesen Dörfern lebten arme Bauern und landlose Tagelöhner sowie einige wenige wohlhabende Grundbesitzer.

Die Landwirtschaft hing überwiegend vom unvorhersehbaren Regen ab. Nur wenige Bauern hatten die Möglichkeit, mit Hilfe von offenen, circa 12 – 15 Meter tiefen Brunnen ihre Felder künstlich zu bewässern. Diese Art von Brunnen fanden zu der Zeit gerade ihren Weg in diese Gegend. Das vom Regen bewässerte Getreide waren zwei Hirsesorten, Ragi und Jowar, die auch Heu für das Vieh lieferten. Auf dem bewässerten Land wurde auch Gemüse angebaut und Maulbeerbäume gepflanzt. Diejenigen, die Maulbeerbäume pflanzten, züchteten Seidenraupen. Die Arbeitskräfte, die für die Landwirtschaft und die Bauarbeiten in Sathya Sai Grama benötigt wurden, kamen aus diesen umliegenden Dörfern. Wir liebten die Arbeiter und halfen ihnen, und sie erwiderten unsere Liebe; es herrschte ein gutes Verhältnis zwischen uns. Viele ihrer Kinder gingen in Sathya Sai Grama zur Schule. Manchmal besuchten wir ihre Dörfer, organisierten Bhajan-Singen und brachten ihnen auch Bhajans bei. Selbstverständlich fanden wir in jedem Dorf eine Gruppe von Sängern vor, die geübt waren, in Begleitung von Harmonium und Trommel geistliche Lieder zu singen. Sie sangen Lieder, die von beliebten Heiligen aus der Gegend komponiert worden waren. Diese Lieder waren voll spiritueller Weisheit. Die Dorfbewohner waren sehr glücklich, wenn wir sie baten, diese Lieder für uns zu singen. Das Bibelwort: „Gesegnet sind diejenigen, die einfachen Herzens sind, denn sie werden in das Königreich Gottes eingehen", wurde uns durch ihre einfachen Herzen, die sich in ihren freudigen Gesichtern widerspiegelten, nahegebracht. Obwohl sie materiell gesehen arm waren, waren sie auf spirituellem Gebiet reich. Die kleinen Kinder empfingen uns mit „Sai Ram"-Rufen. Manchmal gingen wir mit den Studenten in die Dörfer. Dann kehrten wir die Straßen und reinigten die Abwassergräben; die Dorfbewohner bezogen wir in unsere Arbeit mit ein. Wir versammelten die Dorfkinder und brachten ihnen Grundkenntnisse in gesunder und rechter Lebensweise bei; als Zeichen unserer Zuneigung gaben wir ihnen auch kleine Geschenke wie Süßigkeiten, Bleistifte, Bücher und Kämme.

Einmal, als wir mit den Schülern eines dieser Dörfer besuchten, wurden wir vom Regen überrascht und mussten in einer alten strohgedeckten Hütte Zuflucht suchen. In der Hütte waren nur zwei Kinder und ein Baby in der Wiege. Vater und Mutter waren ausgegangen, um ihre täglichen Arbeiten zu verrichten. Der Regen sickerte fast überall durch das Dach, auch dort, wo die Wiege hing. Der kleine Bruder des Babys, der selbst erst fünf Jahre alt war, nahm das Baby aus der Wiege und versuchte, es mit einem alten Stück Stoff zu bedecken. Die Szene war herzzerreißend. Einer unserer Schüler, ein vierzehnjähriger Junge, begann zu weinen, als er die verzweifelte Lage dieser unglücklichen Kinder sah. Das menschliche Mitgefühl, das in jungen und zarten Herzen spontan ist, war hervorgetreten. Die große Mutter, die in Form von Mitgefühl in den Herzen aller Wesen wohnt, sprach durch diesen Jungen: „Herr Lehrer, können wir ihnen nicht ein Haus bauen?"

Ich war gerührt von der edlen Absicht des Jungen und sagte: „Ja, wenn wir uns alle zusammentun, können wir ihnen ein Haus bauen."

Ich dachte, dass ich keine Gelegenheit verpassen sollte, diese zarten Herzen an selbstlosen Aktivitäten zu beteiligen.

Die Schüler sagten einstimmig: „Wir wollen alles tun, um ihnen ein Haus zu bauen."

Das Ergebnis dieses Ausflugs war, dass diese Jungen, und auch andere, während der nächsten Ferien nicht nach Hause fuhren, sondern in der Schule blieben. Wir gingen jeden Tag mit ihnen in das Dorf und bauten ein solides Haus für diese arme Familie. Wir, die Lehrer, stellten die Baumaterialien für das Haus zur Verfügung. Die Jungen fanden große Erfüllung in ihrer Tätigkeit.

Die Samen des Mitgefühls, die wir in jener ersten Zeit von Sathya Sai Grama in die jungen Herzen pflanzten, gingen auf. Die ehemaligen Schüler von Sathya Sai Grama haben heute eine „Gemeinschaft der Ehemaligen" gegründet – „Die Kinder von Sathya Sai" – und haben diese acht Dörfer ausgewählt, um dort selbstlos zu dienen. Jeweils am 2. Oktober eines Jahres – es ist dies auch der Geburtstag von Mahatma Gandhi – treffen sich Hunderte von ehemaligen Schülern in Sathya Sai Grama und planen ihre Aktivitäten für das kommende Jahr.

Am 2. Oktober 2002 besuchten sie jedes Haus in den acht Dörfern und zeigten den Dorfbewohnern ihre Liebe und Zuneigung, indem sie allen Bewohnern Süßigkeiten gaben. Die Aktivitäten der „Kinder von Sathya Sai" konzentrieren sich hauptsächlich auf die Kinder in diesen Dörfern. Die Kinder, die unsere Schule in Sathya Sai Grama besuchen, erhalten nicht nur eine kostenlose Ausbildung, sondern auch kostenlose medizinische Versorgung, Bücher und Schuluniformen. Am Nationalfeiertag (15. August) 2003 wurde in dem *Harijan*-Dorf Seegatenahalli ein Tempel – Shrī Sathya Sai Seva Mandir – eingeweiht, den „die Kinder von Sathya Sai" gebaut hatten. Der Tempel wurde für dieses Dorf zum Zentrum der Transformation.

Von „Die Kinder von Sathya Sai“ errichteter Tempel

In jenen ersten Tagen von Sathya Sai Grama gab es im Herzen derer, die dort lebten, einen unerfüllten Traum, nämlich ihren Herrn, Sathya Sai, in ihrem kleinen Himmel auf Erden empfangen zu können. Wir hörten nicht auf zu beten und unseren Herrn anzuflehen, uns das kostbare Geschenk seines göttlichen Besuchs zu schenken. Im April 1975 wurde beschlossen, dass die Landeskonferenz der Sri Sathya Sai Sevadal (Organisation selbstloser Helfer) vom 6. bis 9. Mai in Sathya Sai Grama stattfinden sollte. Wir waren außer uns vor Freude, als wir erfuhren, dass Swami am 6. Mai nach Sathya Sai Grama kommen und die Konferenz eröffnen würde. Wir stürzten uns mit großer Begeisterung in die Vorbereitungen für Swamis Besuch auf dem Schulgelände. Anna kam nach Sathya Sai Grama und übernahm die Leitung der Vorbereitungsarbeiten. Aber unsere Erwartungen wurden bitter enttäuscht, als wir von Shrī Kasturi ein Telegramm erhielten, in dem er uns mitteilte, dass Swami nicht nach Sathya Sai Grama kommen würde, um die Konferenz zu eröffnen. Die Zeit für einen göttlichen Besuch war noch nicht reif.

9. Der Blitzschlag und der Regenbogen

Anna war der Vorsitzende der Sri Sathya Sai Seva Organisationen im Dakshina-Kannada-Bezirk von Karnataka. Dieser Bezirk, der sich entlang der Küste des Arabischen Meeres erstreckt, hieß früher „Mangalore-Bezirk“. Schon bevor Anna Bezirksvorsitzender wurde, war die Organisation dort sehr aktiv. Es gab in fast jeder Stadt des Bezirks eine „Samiti“ (Vereinigung). Annas missionarischer Eifer spiegelte sich in seiner Arbeit als Bezirksleiter der Organisation wider. Er bereiste häufig das Gebiet und begeisterte die aktiven Arbeiter der Organisation an der Basis, die Sai-Botschaft in ihren Gegenden zu verbreiten. Annas Leidenschaft war es, über die göttliche Persönlichkeit und Mission Swamis zu sprechen. Er war ein überzeugender Redner und ein inspirierender Schriftsteller. Sein Buch über Swami in der Kannada-Sprache, „Shrī Sathya Sai Darshana“, war eine sehr gute, umfassende Einführung in Swamis Leben und Botschaft. Die Devotees in Karnataka freuten sich immer auf Annas Artikel, die in unserer Monatszeitschrift erschienen. Oft wurde er von Sai-Zentren in ganz Karnataka eingeladen, um auf ihren Versammlungen zu sprechen. Anna bildete auch einige talentierte Kollegen als Redner und Schriftsteller aus und gab ihnen Gelegenheit, sich weiter zu entwickeln.

Annas Hingabe an Swami und seine Mission wurden belohnt, als die Bezirksstadt Manipal als Veranstaltungsort für die Landeskonferenz der Organisation ausgewählt wurde. Die Konferenz sollte in der dritten Januarwoche 1977 von Swami eröffnet werden. Swami war auch bereit, bei dieser Gelegenheit Sathya Sai Vihar in Alike einen Besuch abzustatten. Anna ging schwungvoll und mit Begeisterung und großer Freude daran, Swamis Besuch im Bezirk und insbesondere in seinem Zentrum in Alike vorzubereiten. Er arbeitete unermüdlich. Der Bau eines Tempels für Swamis Aufenthalt an einer erhöhten Stelle in Sathya Sai Vihar war ein Wettlauf mit der Zeit. Anna war auch für die Organisation der Konferenz in Manipal verantwortlich. Der Landespräsident der Organisation und Anna sowie andere Amtsträger der Organisation besuchten Prasanthi Nilayam in der ersten Januarwoche 1977, um Swamis Gnade und Führung für die geplanten Programme im Bezirk zu erbitten. Swami gab seinen göttlichen Segen. Als Anna jedoch um Swamis Erlaubnis bat, einen großen Wagen für Swamis Reisen im Bezirk anzuschaffen, sagte dieser, das sei nicht nötig. Stattdessen warnte er Anna, er solle vorsichtig sein, was seine Reisen betreffe und bat ihn, seine Reisen zu reduzieren, bis Swami nach Alike komme. Swami sagte: **„Da nun die Arbeit, für die du gekommen bist, erledigt ist, kannst du gehen!"**

Aber für Anna ging die Bedeutung dieser göttlichen Botschaft in der Freude und Glückseligkeit über den bedeutsamen Anlass verloren. Auf der Rückfahrt nach Alike am 5. Januar besuchte Anna Sathya Sai Grama und aß dort mit anderen Gästen zu Mittag. Danach fuhr er sofort weiter nach Bangalore, um einige wichtige Dinge für Swamis Besuch in Sathya Sai Vihar einzukaufen. Anna war reine Freude und Glückseligkeit; er schien in einer anderen Welt zu leben. Damals war uns nicht bewusst, dass dies sein letzter Besuch in Sathya Sai Grama sein würde.

Donner und Blitz schlugen am schicksalhaften Morgen des 8. Januar 1977 in unseren kleinen Himmel ein. Ein „Blitz"-Anruf aus Mangalore informierte uns über Annas plötzlichen Tod; sein Wagen war in einen Unfall mit einem öffentlichen Verkehrsbus verwickelt worden. Seine Hände über der Brust gefaltet und mit den Worten „Sai Ram ... Sai Ram", starb er in einer Krankenstation in Mangalore. Wir hatten das Gefühl, verwaist zu sein und ich fühlte mich völlig hilflos. Als wir unseren Schülern und Lehrern von Sathya Sai Grama die tragische Nachricht übermittelten, waren alle zutiefst betroffen. Da ich der Älteste war, musste ich Tapferkeit zeigen und die schwere Aufgabe übernehmen, die anderen zu trösten, auch wenn mein Herz voller Qual war. Die Schüler und Lehrer waren untröstlich. Wir organisierten rasch eine Trauerzeremonie und baten Swami, er möge unserem geliebten Mentor ewige Ruhe gewähren. Ich machte mich mit meinem Vater und einigen von Annas Freunden aus Chikballapur auf den Weg nach Alike.

Es war die traurigste Reise, die ich je unternommen habe. Mein Vater war niedergeschmettert und sagte während der ganzen Reise nicht ein Wort. Wir erreichten Alike um acht Uhr abends. Es herrschte eine düstere Stimmung und alle trauerten. Annas Körper war in „Prem Kutir" aufgebahrt, dem Zufluchtsort, den er für seine *Tyāga Jīvis*, seine hingebungsvollen spirituellen Aspiranten, geschaffen hatte. Annas untröstliche Mutter saß neben dem Kopf ihres bedeutenden Sohnes; von ihren vier Kindern war er der einzige Sohn. Es wurden Bhajans gesungen. Ich warf mich zu Füßen meines Mentors nieder und saß dann sprachlos da und betete zu Swami. Die Mutigeren unter Annas Anhängern trafen Vorbereitungen für die Einäscherung. Während unsere Herzen zu Swami beteten: „Bitte bringe Licht in unsere Düsternis!“, kam ein Telegramm von Swami: **„Narayan Bhat ist auf ewig mit Swami eins geworden. Grämt euch nicht, seid tapfer!“**

Annas mutige Mutter sagte: „Ich betrauere nicht den Tod meines Sohnes; ich weine wegen der Zukunft von Loka Seva Vrinda.“

Wir bekamen einen Telefonanruf aus Prasanthi Nilayam: **„Vollzieht die Trauerfeierlichkeiten und kommt nach Prasanthi Nilayam. Swami wird sich um alles kümmern.“**

Schließlich wurde der Körper unseres geliebten Anna am selben Abend an einem besonderen Platz den Flammen übergeben. Das Schiff hatte mitten auf dem Ozean seinen Kapitän verloren. Nur Gott konnte es retten, und das tat er, indem er das treibende Schiff selbst in die Hand nahm.

Es war Annas sehnlichster Wunsch gewesen, während Swamis Besuch in Sathya Sai Vihar, Loka Seva Vrinda mit all seinen Institutionen, wie auch Alike und Muddenahalli zu Swamis Lotosfüßen zu opfern. Die Landeskonferenz in Manipal und Swamis Besuch im Bezirk wurden wegen Annas plötzlichem Tod abgesagt. Am nächsten Tag versammelten sich die älteren Mitglieder von Loka Seva Vrinda unter dem Vorsitz von Annas Mutter. Die große Mutter wurde von allen „Amma“, Mutter, genannt. Wir beschlossen einstimmig, Annas Wunsch zu erfüllen und Swami zu bitten, Loka Seva Vrinda mit all seinen Institutionen unter seine Fittiche zu nehmen. Es stellte sich die Frage, wer nun Annas Position als Vorsitzender einnehmen sollte. Niemand war bereit, sich diesen Schuh anzuziehen; ein jeder war der Meinung, dass der andere kompetenter sei als er selbst! Letztendlich wurde beschlossen, die Entscheidung darüber Swami selbst zu überlassen. Amma wurde gebeten, nach Prasanthi Nilayam zu fahren und um Swamis Führung zu bitten. Aber was noch wichtiger war: Ihr trauerndes Herz brauchte dringend die heilende göttliche Berührung. Ich wurde als jüngster unter den älteren Mitgliedern der Organisation gebeten, Amma nach Prasanthi Nilayam zu begleiten. Es war dies eine meiner denkwürdigsten Reisen nach Prasanthi Nilayam.

Wir fuhren früh morgens von Alike ab. Mit Amma und Annas Schwester, die sich den Idealen Annas verschrieben hatte, waren wir zu sechst. Wir hatten die kleine Urne mit Annas Asche mitgenommen. Es heißt, dass der Kummer einer Mutter über den Tod ihres Sohnes kein Ende nimmt. Anna war ein perfekter Sohn, und er war der einzige Sohn gewesen. An diesem Tag bot Amma ein Bild völliger Verzweiflung. Während der ganzen Reise aß sie kaum etwas, und hin und wieder brach sie in Schluchzen aus. Wie eine Kette von Ameisen, die aus einem Ameisenhaufen kommen, so müssen in ihrer Erinnerung Bilder aus Annas Leben, von der Geburt bis zu seinem plötzlichen Ende, aufgetaucht sein. Sie war untröstlich. Alle wurden von der düsteren Stimmung ergriffen. Als wir durch Chikballapur fuhren, machte ich den Vorschlag, bei meinen Eltern vorbeizufahren. Ich dachte, mein schon älterer Vater könnte ihr vielleicht etwas Trost geben. Aber sie wollte niemanden sehen, bevor sie nicht Swamis *Darshan* gehabt hatte.

Wir kamen um sieben Uhr abends in Prasanthi Nilayam an. Am nächsten Morgen rief Swami uns zum Interview. Wir betraten den Interviewraum und ließen die Urne mit der Asche direkt vor der Türe stehen. Was dann drinnen geschah, ist ein Zeichen von Swamis göttlicher Kraft, den Stachel des Todes aus dem Herzen einer trauernden Mutter zu entfernen, die ihren einzigen Sohn verloren hat. Ich war ein glücklicher Zeuge dieses erstaunlichen Heilungsvorgangs. Als Swami Amma ansah, schluchzte sie und stieß hervor: „Swami, das Licht von Loka Seva Vrinda ist erloschen!"

Swami sah Amma weiterhin an, so wie eine Mutter ihr geliebtes Kind anschaut. Sein Gesicht strahlte göttliches Mitgefühl aus. Dann legte er seine Hand etwa eine Minute lang auf ihren Kopf. Wir wissen nicht, was in dieser Minute geschah. Danach war Amma völlig gefasst, und ich habe sie nie wieder über ihren Sohn trauern gesehen.

Swami sagte: **„Narayan Bhat ist zu mir zurückgekehrt; er ist für immer bei mir. Für ihn gibt es nicht mehr das Elend von Geburt und Tod. Er hat das höchste Ziel des Lebens erreicht. Ihr müsst euch darüber freuen und nicht um ihn trauern."**

Amma antwortete: „Swami, ich habe keinen Grund zu weinen, wenn er glücklich ist, weil er mit Dir eins wurde."

„Ja, Narayan Bhat ist nun ein wesentlicher Bestandteil von Sai Nārāyana geworden. Wahres Glück liegt in der Einheit mit Gott. Er hat das erreicht", sagte Swami und fuhr fort: **„Ich weiß, ihr werdet**

seine Abwesenheit in Alike spüren. Stellt euch einfach vor, dass er nach Puttaparthi gekommen ist und nun bei mir ist.“

Amma fragte ihn: „Swami, was geschieht mit Loka Seva Vrinda?“

Swami erklärte: **„Loka Seva Vrinda hat immer mir gehört. Narayan Bhat hat es mir vor langer Zeit geopfert. Er tat es an dem Tag, an dem er mich zum ersten Mal sah. Ich habe mich bis jetzt darum gekümmert und werde es auch weiterhin tun. Macht euch deshalb keine Sorgen.“**

Dann begann Swami, Annas Tugenden zu preisen.

Amma fragte: „Swami, warum hast Du das Leben eines solchen Menschen nicht gerettet?“

Swami antwortete: **„Ich habe sein Gebet erhört. Er hat gebetet, dass er mit mir eins werden möge. Ihr alle habt gebetet, ich möge sein Leben retten. Ich habe das Richtige getan!“**

Amma verkündete ihren Wunsch, sich in Prasanthi Nilayam niederzulassen, und ihre Schwester schloss sich ihr an.

Swami erhörte ihren Wunsch und sagte: **„Ich werde die Institutionen übernehmen und nach Alike fahren. Ihr könnt mitkommen und danach hier bleiben.“**

Dann bat Amma Swami, er möge entscheiden, wer der nächste Vorsitzende von Loka Seva Vrinda sein solle, denn niemand sei bereit, diese Verantwortung zu übernehmen, es sei denn, Swami segne denjenigen mit seinem Befehl. Swami ging auf ihre Bitte ein und ernannte den nächsten Vorsitzenden der Organisation. Dann bat der allwissende Swami um die Urne mit Annas sterblichen Überresten! Ich ging hinaus und holte sie. Swami segnete sie durch seine Berührung und bat uns, die Asche in den Chitravathi-Fluss zu schütten. Als wir den Interviewraum verließen, war alle Traurigkeit ein für alle Mal verschwunden. Amma strahlte vor Freude.

Wir verließen Prasanthi Nilayam am nächsten Morgen. Amma hatte die Absicht, auf dem Weg nach Alike meine Eltern in Chikballapur zu besuchen. Unsere Reise nach Chikballapur war fröhlich, weil wir alle über Swamis Worte göttlicher Zusicherung nachdachten. Wir erreichten mein Elterhaus um die Mittagszeit. Als meine Eltern Amma sahen, brachen sie in Tränen aus. Doch Amma lächelte nur! Sie war eine große Mutter und tröstete meine Eltern:

„Anna ist bei Swami in Prasanthi Nilayam. Wir haben nun ‚Sai Nārāyana‘. Wir wollen uns darüber freuen.“ Mein Vater und meine Mutter waren bass erstaunt. Eine Mutter, die vor ein paar Tagen ihren einzigen Sohn verloren hatte, tröstete nun die Bewunderer ihres Sohnes! Gibt es ein überzeugenderes Zeugnis für die überwältigende Kraft eines *Avatars*, als den Kummer in den Herzen der Menschen zu beseitigen?

Ich war gesegnet, dass ich über vier Jahrzehnte hinweg ein glücklicher Zeuge von Swamis zahlreichen Wundern sein durfte. Doch ich muss sagen, dies war eines der höchsten und erhebendsten Wunder Gottes in menschlicher Gestalt. Amma wollte, dass in unserem Haus Bhajans gesungen wurden. Nach den Bhajans und dem Mittagessen setzten wir unsere Reise nach Alike fort.

Swamis Befehl entsprechend übernahm Shrī Gangadhar Bhat den Vorsitz von Loka Seva Vrinda. Das Erste, was er tat, war eine allgemeine Sitzung der Organisation einzuberufen und einen einstimmigen Beschluss herbeizuführen, der besagte, dass alle Institutionen in Alike und Muddenahalli zu Bhagavans Lotosfüßen gelegt werden sollten. Wir fuhren nach Prasanthi Nilayam und trugen Swami den Beschluss vor. Swami war nur Liebe und Gnade. Er erzählte uns lang und breit über die Sorgen und Probleme, mit denen Anna beim Aufbau der Institutionen zu kämpfen gehabt hatte. Er erwähnte auch einen erheblichen Kredit, den Anna für die Institutionen hatte aufnehmen müssen, und versicherte uns, dass er die Schulden bald begleichen werde. Swami machte uns Mut:

„Narayan Bhat war zweifelsohne ein großer und guter Mensch. Aber eine Blume, und mag sie auch noch so schön sein, genügt nicht, um eine Girlande zu binden. Ihr habt alle wie ein Mann hinter ihm gestanden. Erhaltet diese Einigkeit! Ihr werdet sehen, die Organisationen werden immer weiter gedeihen.“

Die Übernahme der Institutionen durch Swami geschah schnell. Ein Komitee von Mitgliedern des Sri Sathya Sai Central Trust – alles hochangesehene Bürger und Swamis hingebungsvolle Devotees – besuchte Alike. Sie waren sehr beeindruckt von dem, was sie in Alike sahen. Sie machten eine Personen- und Materialbestandsaufnahme der Institutionen in Alike und Muddenahalli. Vermögen wie auch Belastungen wurden festgestellt und mit einem positiven Bericht dem Trust vorgelegt. Als bei der darauffolgenden Sitzung des Trusts ein Mitglied zu bedenken gab, dass es doch erhebliche Schulden gab, die zurückgezahlt werden müssten, sagte Swami: **„Ich übernehme die Institutionen nicht wegen ihrer Gebäude und Mittel, sondern wegen der guten Menschen, die dort leben und mit viel Hingabe arbeiten.“**

Die Entscheidung des Trust, die Institutionen zu übernehmen, wurde am *Vijayādashamī*-Tag im Oktober 1977 vor einer großen Versammlung von Devotees in Prasanthi Nilayam verkündet. Als wir die Bekanntmachung hörten, wurden wir von einem himmlischen Gefühl der Erfüllung übermannt.

Aber bevor die Übergabe stattfinden konnte, gab es noch viele Hürden zu überwinden, die die legale Überschreibung von landwirtschaftlichem und nicht-landwirtschaftlichem Land an zwei Orten betraf. Im Falle von Muddenahalli waren die Probleme sehr kompliziert. Ich musste harte Arbeit leisten, und es gab viel Lauferei zwischen den Behörden auf Bezirks- und Landesebene. Ich war manches Mal niedergeschlagen angesichts der scheinbar unüberwindlichen Hindernisse, und Annas Abwesenheit wurde mir sehr bewusst. Hinzu kam noch, dass meine Mutter zu der Zeit in Bangalore in ein Krankenhaus eingewiesen wurde und operiert werden musste. Sie wollte sich nicht operieren lassen. Bei einem meiner regelmäßigen Besuche im Krankenhaus bat sie mich, ich möge Swami bitten, sie zu heilen, ohne sich einer Operation unterziehen zu müssen. Damals war Swami gerade in Brindavan (Whitefield, *Ashram* bei Bangalore). Ich saß im „Sairam Shed" und wartete auf Swamis *Darshan*; meine Stimmung war auf einem Tiefpunkt. Ich betete natürlich zu Swami, er möge mir das Geschenk der Inspiration gewähren.

Während des *Darshans* kam Swami zu mir, er stand vor mir und fragte mich: **„Was ist los?"**

Ich kniete nieder und sagte: „Swami, meine Mutter ist im Krankenhaus."

„Welche Mutter?", fragte Swami.

Ich war verwirrt über seine Frage, antwortete aber: „Swami, meine Mutter!"

Swami lächelte und wiederholte dieselbe Frage. Verlegen gab ich dieselbe Antwort. Wie ein guter Lehrer wollte er einen kleinen Hinweis geben und fragte: **„Meinst du diese Mutter oder jene Mutter?"**

Doch weil ich in einer so niedergeschlagenen Stimmung war, konnte ich seine Andeutung nicht verstehen.

„Meine Mutter, Swami!", antwortete ich.

Swami materialisierte *Vibhuti*, gab sie mir und sagte: **„Gib das deiner Mutter. Sie soll sich operieren lassen, es wird alles gut gehen."**

Dann kam der wundervolle Regenbogen in Form eines Satzes, der sofort meine Stimmung aufhellte. Swami beugte sich zu mir hinunter und flüsterte mir ins Ohr: **„Sai Mātā ist deine Mutter!“**

Dieser eine Satz wurde zu einem Allheilmittel für meine schmerzende Seele. Meine Mutter ließ sich anstandslos operieren und verließ das Krankenhaus gesund und munter. Auch die Hindernisse bei der Überschreibung der Ländereien in Muddenahalli lösten sich in Wohlgefallen auf.

Während dieser Zeit fand eine Konferenz der gesamtindischen Sevadal-Organisation in Prasanthi Nilayam statt. Ich wurde auserwählt, im Namen des Bundeslandes Karnataka auf dieser Konferenz zu sprechen. Je ein Vertreter pro Bundesland sollte eine Rede halten. Da dies meine erste Rede in Swamis göttlicher Gegenwart war, wollte ich Swami vorher eine Blumengirlande darbringen. Swami saß auf der Bühne des Poornachandra-Auditoriums auf einem erhöhten Sitz. Zu Beginn des Treffens informierten die Veranstalter uns, dass wir nicht, wie sonst üblich, auf die Bühne gehen, Swami eine Girlande darbringen und *Padanamaskar* nehmen könnten. Ich war sehr enttäuscht. Alle Redner in dieser Sitzung saßen in der ersten Reihe. Die Redner und Rednerinnen konnten sich von dort, wo sie standen, nur vor Swami verbeugen und dann zum ebenerdigen Rednerpult gehen. Ich hatte eine Girlande aus Ringelblumen mitgebracht, die ich Swami darbringen wollte. Während ich da saß und darauf wartete, dass ich an die Reihe kam, betete ich zu Swami, er möge meine Girlande annehmen. Ich konnte mir nicht vorstellen, wie das möglich sein könnte. Ich dachte mir, ich würde aufstehen, mich vor Swami verbeugen und dann die Girlande etwa dreieinhalb Meter von Swami entfernt auf die Bühne legen. Als mein Name aufgerufen wurde, stand ich beklommenen Herzens auf; ich hielt die Girlande in Händen und sah Swami mit flehenden Blicken an. Swami stand plötzlich auf und winkte mir zu. Ich dachte, Swami wollte mir damit bedeuten, ich solle auf die Bühne kommen. Ich lief auf die Stufen zu. Swami sagte laut: **„Nein, nein!“**

Er zeigte mit seinem Finger auf die Girlande in meiner Hand und bedeutete mir, sie ihm zuzuwerfen! Verwundert, aber überglücklich, warf ich ihm die Girlande zu, die genau in seinen Händen landete!

Swami strahlte über das ganze Gesicht, und das Publikum war hingerissen. Es gab einen schallenden Applaus für Swamis großmütige Geste, durch die er einen Weg gefunden hatte, einen seiner Devotees zu segnen, ohne die Regeln der Veranstalter zu verletzen!

Auf diese Weise füllte Swami die Leere, die durch Annas plötzlichen Tod entstanden war, mit seiner Liebe und Gnade. Und schließlich stimmte Swami freundlicherweise zu, im August 1978 nach Sathya Sai Grama zu kommen und die Institutionen formell zu übernehmen; danach reiste er weiter nach Alike.

Der Autor spricht in Swamis göttlicher Gegenwart

10. Ein erfüllter Traum

Die Ankündigung, dass unser Herr und Gott Sathya Sai Grama besuchen würde, begeisterte uns und erfüllte uns mit freudiger Erwartung auf dieses bedeutungsvolle Ereignis in unserem Leben. Für mich war es eine Erfüllung. Die zarten Herzen der Schüler brannten vor Begeisterung und Freude; ihre Gesichter leuchteten und ihre Augen glänzten. Wir begannen sofort mit den Vorbereitungen für Swamis Empfang. Alle Schüler und alle Bediensteten von Sathya Sai Grama – vom Rektor bis zum Dienstboten – wollten etwas zu den Vorbereitungen für Swamis Besuch beitragen. Die Devotees von Chikballapur empfanden dies als eine einzigartige Gelegenheit, denn Swami war zwar Hunderte Male durch die Stadt gefahren, hatte aber niemals angehalten. Sie beteiligten sich frohen Herzens an unseren Vorbereitungen.

Die im Verwaltungsgebäude gelegene geräumige Halle von etwa sieben mal elf Metern sollte Swamis Unterkunft werden, und so richteten wir den Raum entsprechend her. Das Gebäude lag nach Norden gerichtet auf einem höher gelegenen Gelände und hatte drei Räume. Da gab es die Haupthalle, die Swamis Unterkunft sein würde; links davon lag das Büro des Sekretärs und auf der rechten Seite das Büro des Rektors. Wir bemühten uns nach Kräften, die Haupthalle wie einen Tempel herzurichten. Der Platz vor der Haupthalle war sehr dekorativ gestaltet; nach Westen hin lag ein sehr schöner, bogenförmiger Eingang und auf der Nordseite gab es eine halbrunde, von Türmen geschmückte, offene Veranda. Von der Veranda aus sah man über ein großes, etwa dreieinhalb Meter tiefer gelegenes Gelände. Wir dachten, Swami könnte von dieser Veranda aus Tausenden von Menschen *Darshan* geben.

Wenn man das Gelände von Westen her betrat, sah man einen kleinen Tempel, in dem Krishna mit seiner Flöte stand; dies war das Zentrum des östlichen Teils des Geländes.

Wir taten unser Bestes, Swamis Wohnraum so komfortabel wie möglich zu gestalten, indem wir ihn geschmackvoll möblierten und dekorierten. In der Tiefe unseres Herzens wussten wir, dass unsere Bemühungen für den Herrn des Universums dürftig waren. Aber wir fanden Trost in der Tatsache, dass dieser selbe Gott in der Vergangenheit die bescheidenen Behausungen von Vidura (ein Weiser in alten Zeiten) und *Shabarī* mit seiner Gegenwart gesegnet hatte. Wir baten ihn um Verzeihung für unsere äußeren und inneren Unzulänglichkeiten.

Gottes Wohnsitz in Sathya Sai Grama – 1978

Im August war Swami in Brindavan. Wir reisten viele Male nach Brindavan, um ihn nach Sathya Sai Grama einzuladen. Wenn wir abends nach Sathya Sai Grama zurückkehrten, wurden wir von den Schülern und Lehrern umringt; sie stellten uns immer dieselbe Frage: „Wann kommt Swami?" Unsere Antwort: „Swami hat kein Datum genannt", enttäuschte sie jedes Mal sehr. Die Sehnsucht in unseren Herzen wuchs von Tag zu Tag. Swami wartete auf den richtigen Tag, und schließlich kam er. Es war der 14. August 1978, ein Glück verheißender Tag. Es gibt keine Worte, um unsere Glückseligkeit an diesem Tag zu beschreiben; wir werden diesen Tag nie vergessen!

Swami kam morgens gegen neun Uhr in Sathya Sai Grama an. Wir empfingen ihn mit den Ehren, wie sie dem Kaiser der Kaiser gebührt.

Eine angesehene *Nadasvaram*-Gruppe spielte ein beliebtes Lied von *Tyāgarāja* und das Schüler-Orchester einen heiteren, langsamen Marsch. Es wurden auch Bügelhörner und Muschelhörner geblasen. Die älteren Mitglieder von Loka Seva Vrinda gingen hinter Swami her und hielten einen weißen Zeremonienschirm über ihn und wedelten mit Yak-Schwanz-Fächern, die silberne Griffe hatten. 400 Schüler in marineblau- und safranfarbenen Uniformen säumten den 60 Meter langen, mit Blumen übersäten Weg, der zum *Mandir* führte, um ihren Herrn zu ehren. Mein Herz sang vor Freude und Tränen standen mir in den Augen, als Swami ankam. Er stieg aus dem Auto und sah sich um. Das Gelände war im Westen und im Süden von einer sonnenüberfluteten Bergkette umgeben. Seine Augen überschütteten uns mit Liebe und Gnade; ein glückseliges Lächeln schmückte sein göttliches, strahlendes Gesicht. Mit leiser, schmeichelnder Stimme sagte er: **„Das ist *Tapobhūmi*!“**

Swamis Ankunft in Sathya Sai Grama – August 1978

Er nahm die Blumen in Empfang, die einige von uns ihm darbrachten. Majestätischen Schrittes ging er auf den *Mandir* zu und segnete die Schüler, die strahlend und mit gefalteten Händen am Weg standen. Dann betrat er den *Mandir* und warf einen bewundernden Blick auf den kleinen Krishna-Tempel, der vor dem *Mandir* stand, und auf die geschnitzte Tür zur linken Seite, die auf die Veranda führte. Er ging durch diese Tür und stand auf der Veranda, bewegte anmutig seine rechte Hand in kleinen Kreisen, während seine linke Hand auf dem Geländer ruhte. Unten spielte immer noch die Schüler-Kapelle. Swami wiegte sich etwa eine Minute lang leicht im Takt zur Musik, sah die Musikanten an und ging dann zurück auf das Gelände.

Dann stieg er die Stufen zur Vorhalle des *Mandirs* hoch und enthüllte die schwarze Steinplatte mit den eingravierten Worten:

„Sri Sathya Sai Loka Seva Stiftung – eingeweiht von Bhagavān Sri Sri Sathya Sai Baba am 14. August 1978"

Swami hatte beschlossen, dass die Institutionen in Alike und Muddenahalli ihre eigene Stiftung haben sollten, mit ihm als Stiftungsvorsitzendem; die älteren Mitglieder von Loka Seva Vrinda sollten den Verwaltungsrat bilden. Als Swami sich im *Mandir* auf den Stuhl setzte, standen wir alle mit vor Glück leuchtenden Gesichtern um ihn herum. Mit gefalteten Händen sagten wir: „Swami, Du hast uns heute durch deinen Besuch das größte Glück unseres Lebens beschert. Unser Leben hat seine Erfüllung gefunden."

Swami erwiderte großmütig: **„Auch ich bin sehr glücklich, solche hingebungsvollen Arbeiter wie euch zu haben, die meiner göttlichen Mission dienen."**

Der angesehene vedische Gelehrte Shrī Kamavadhani, der Swami begleitete, brachte die edlen Gefühle, die sein Herz erfüllten, zum Ausdruck: „Swami, es ist wie die Wiederholung von Ramas Besuch im *Ashram* des Weisen Bharadvāja!"

Die göttliche Glückseligkeit jener Augenblicke befreite uns von den Fesseln unserer individuellen Existenz und führte uns in die vereinigende Erfahrung mit dem Göttlichen.

Die Registrierung der Stiftungsurkunde fand im Büro des Rektors statt, das rechts neben dem *Mandir* lag. Danach machte Swami einen Gang über das Schulgelände.

Er besuchte jeden Raum in der Schule und im Schülerwohnheim. Die Schüler hießen ihren Herrn mit Hingabe und Freude in ihren Zimmern willkommen. In fast allen Zimmern nahm Swami für eine Weile Platz auf einem Stuhl, den die Schüler ihm anboten. In manchen Zimmern hatten die Jungen Sofas improvisiert, indem sie ihre Matratzen übereinandergelegt und diese mit einem Betttuch bedeckt hatten. In einem

Raum hatten die Jungen Blumen in einem Stück Stoff verpackt, das mit einer Kordel versehen über der Tür aufgehängt worden war. Als Swami das Zimmer betrat, zog einer der Jungen die Kordel und es regnete Blumen auf Swami herab. Swami fand das sehr lustig und sagte: **„Yukti … Yukti** (sehr schlau)**!“**

Swami geht über das Schulgelände

Er segnete den Essraum und die Küche mit seiner Gegenwart. Auch die Molkerei und die landwirtschaftlichen Bereiche wurden durch die Berührung seiner Lotosfüße geheiligt. Der saubere und gepflegte Kuhstall fand Swamis Bewunderung. Nachdem er mit den Gästen im *Mandir* zu Mittag gegessen hatte, sprach er in der Gebetshalle zu allen Schülern und Lehrern. Es war Swamis erste Rede in Sathya Sai Grama, und er sprach in einem sehr schönen Kannada. Er ermahnte die Schüler, dem guten Beispiel ihrer Lehrer zu folgen. Er sagte:

„Nur durch Opfer kann der Mensch Unsterblichkeit erlangen. Wohlstand und Nachkommen können ihm keine ewige Glückseligkeit vermitteln. Dies ist die Wahrheit, wie sie in den *Upanishaden* verkündet wird. Ihr habt das große Glück, dass ihr mit diesen aufopfernden Lehrern leben und von ihnen lernen könnt. Es ist schwierig, in diesem *Kaliyuga* solch gute Lehrer zu finden. Ein Lehrer ohne Charakter ist kein Lehrer. Eure Lehrer sind wahre Lehrer; sie besitzen Charakter. Unter ihrer Führung ist es leicht für euch, den Weg der Wahrheit, der Rechtschaffenheit, des Friedens und der Liebe zu gehen und das wahre Ziel des Lebens zu verfolgen.

Unser Land Bhārat (Indien) ist das ‚Yogabhūmi‘, das Land des Yoga (das zum Göttlichen führt). Es ist ‚Punyabhūmi‘ – ein verdienstvolles und heiliges Land; und es ist ‚Tyāgabhūmi‘ – das Land der Opferbereitschaft. Die Studenten von heute versuchen, dieses heilige Land von ‚Tyāgabhūmi‘ in ‚Bhogabhūmi‘ (Land der sinn-

lichen Freuden) zu verwandeln. Bhoga ist vorübergehend. Tyāga, Opferbereitschaft, ist der wahre Yoga. Ihr solltet euch unter der Leitung eurer vorbildlichen Lehrer zu vorbildlichen Männern entwickeln.

Wir sollten uns an dieser Stelle an eine wichtige Tatsache erinnern: Shrī Narayan Bhat hat diese Institution aus reinen und selbstlosen Motiven heraus gegründet. Der Same, den er gesät hat, ist heute zu einem großen Baum herangewachsen. Wir sind hierhergekommen, um seine Früchte zu kosten und zu genießen. Wir müssen diesen Baum sorgfältig hüten. Wir sollten für die ewige Ruhe und den ewigen Frieden von Narayan Bhats Seele in Gott beten.

Eure Lehrer sind heilige *Brahmacārins.* Ihr solltet das heilige Ideal verstehen, das sie veranlasst hat, diesen Weg zu gehen. Ihr solltet in diesem frühen Alter heilige Gefühle entwickeln und euren Lehrern nacheifern.

‚Mātridevo bhava, pitridevo bhava' – ‚Verehre deine Mutter wie Gott, verehre deinen Vater wie Gott.' Eure Mutter und euer Vater sind euer Gott. Wenn ihre eure Eltern nicht zufrieden stellen könnt, wie könnt ihr Gott zufrieden stellen, der unsichtbar ist und jenseits eures Vorstellungsvermögens? Warum haben eure Eltern euch nach Sathya Sai Grama geschickt? Damit ihr eine gute Erziehung bekommt, aber das allein ist es nicht. Sie wollen auch, dass ihr zu charaktervollen Menschen werdet. Ihr solltet die Bestrebungen eurer Eltern verstehen und intensiv arbeiten, um ihnen gerecht zu werden.

Die Zunge begeht vier Sünden. Die erste Sünde ist, die Unwahrheit sprechen; die zweite, sich über andere zu beschweren, die dritte, andere zu kritisieren und die vierte Sünde ist, zu viel zu sprechen. Die beste Art, diese Sünden zu vermeiden, ist weniger zu sprechen und nur das zu sagen, was nötig ist. Ihr solltet es vermeiden, grobe Worte zu benutzen; ihr solltet leise und sanft sprechen. Gott wird als ‚Mridu madhura bhashine' verehrt, als Gott, der leise und sanft spricht. Manchmal bitten die Leute mich, ihnen eine Botschaft zu geben. Mein Leben ist meine Botschaft. Wenn ihr mir nacheifert – das genügt. Das wird euch die Glückseligkeit des Göttlichen vermitteln. Ich werde euch alle glücklich machen, indem ich oft hierher komme, wenn ich zwischen Puttaparthi und Whitefield unterwegs bin!"

Ich brauche nicht zu sagen, dass Swamis letzter Satz einen stürmischen Applaus bei Studenten und Lehrern hervorrief. Als Swami die Gebetshalle verließ, bemerkte er einen Jungen, der Tränen der Freude vergoss; er ließ seine Hand kreisen und materialisierte einen goldenen Ring für den Jungen.

Wir baten Swami, er möge gesondert zu den Lehrern und Älteren sprechen und sie auf dem spirituellen Weg führen und ihnen Erfolg gewähren. Er erfüllte unsere Bitte gerne. Wir versammelten uns im *Mandir*, um den göttlichen Worten zu lauschen. Doch vorerst ruhte Swami sich in dem kleinen Raum, den wir für ihn hergerichtet hatten, eine Weile aus. Als er herauskam, sagte er: „**Das Wasser hier enthält viel Fluor. Die Seife lässt sich nicht leicht abwaschen. Ich hab das bemerkt, als ich mein Gesicht wusch!**“

Dann setzte er sich zu uns und sah uns alle an, wie eine Mutter ihre Kinder ansieht. Er sagte: **„Stellt mir Fragen!“**

Einer der Lehrer flehte: „Swami, bitte sei so freundlich und führe uns auf dem spirituellen Weg und segne uns mit Erfolg.“

Swami begann mit einem Zitat aus der Bhagavadgita: „Mamanusmara yuddhyacha“ – „Denkt an mich und kämpft!“ Er erklärte, wie wir es in unserem täglichen Leben als spirituelle Übung praktizieren können.

Swami sagte:

„Shrī Krishna sagte zu Arjuna: ‚Denk immerzu an mich und kämpfe in der Schlacht!‘ Arjuna zerbrach sich den Kopf; er sagte: ‚Ich kämpfe im Krieg und du lehrst mich Philosophie! Krieg und Philosophie sind Gegensätze wie Feuer und Wasser. Wie passen sie zusammen? Wenn ich philosophischen Reden zuhöre, vergeht mir die Lust zum Kämpfen, und wenn ich kämpfe, habe ich nicht die Geduld, philosophischen Reden zuzuhören!‘ Krishna antwortete: ‚Philosophie ist eine Lebensart. Sie gilt für jeden, der auf dem Schlachtfeld des Lebens kämpft. Wenn du an mich denkst und kämpfst, sammelst du keine Sünden an. Wenn du all deine Handlungen mir darbringst, wirst du nicht durch sie gebunden sein. Dann wird Arbeit zu Verehrung. Das führt zu Weisheit.‘

Was ist Weisheit? Wahre Weisheit ist es, wenn man Gott überall sieht und die Einheit in der Vielfalt erkennt.

‚Nimitta matram bhava savya sachin‘ – ‚O Arjuna, sei ein Instrument in meiner Mission.‘ Ihr solltet Instrumente in Gottes Hand werden. Narayan Bhat war solch ein Instrument. Er kam in die

Welt, tat seine Arbeit und ging wieder. Ihr solltet hart arbeiten, um seine Pläne zu erfüllen. Ihr alle leistet gute Arbeit. Aber hin und wieder werdet ihr von menschlichen Schwächen geplagt. Höhen und Tiefen im Leben sind natürlich. Die Hindernisse, denen ihr im Leben begegnet, sind die Prüfungen. Ohne Prüfung gibt es keine Beförderung. Wenn ihr Swami erreichen wollt, müsst ihr diese Prüfungen willkommen heißen. Ihr solltet fest entschlossen sein, ihn zu erreichen. Dann wird euer Bestreben sicher erfolgreich sein.“

Ein anderer Lehrer fragte Swami: „Swami, wie können wir uns von diesem unberechenbaren Verstand befreien?“

Swami erklärte:

„Ihr habt über viele Leben hinweg zahlreiche Neigungen entwickelt. Ihr könnt euch nicht auf einen Schlag von ihnen befreien. Was ihr esst und was ihr tut (ahara – vihara), bringt Unruhe in den Verstand. Das sollte euch nicht beunruhigen. Doch der Körper sollte nicht dem Gemüt folgen. Ihr solltet schlechte Gedanken nicht in die Tat umsetzen. Es ist natürlich, wenn hin und wieder schlechte Gedanken im Gemüt auftauchen. Ihr müsst eure Intelligenz dazu benutzen, das Gemüt zu zügeln. Wenn ihr auf einem Schiff auf See seid, könnt ihr nicht immerzu genau geradeaus fahren, egal wie sehr ihr euch darum bemühen mögt. Es ist nicht euer Fehler, es sind die Turbulenzen des Wassers, die das Geradeausfahren verhindern. Sorgt euch deshalb nicht. Doch wenn ihr absichtlich einen Fehler begeht, müsst ihr ihn bereuen und wiedergutmachen. Dadurch erlangt ihr die Willenskraft, diesen Fehler nicht wieder zu begehen. Wenn ein Affe versucht, euch anzugreifen, dann solltet ihr nicht fortlaufen, sondern einen Stock ergreifen und ihm gegenübertreten. Dann wird der Affe flüchten. Auf diese Weise müsst ihr dem unruhigen Gemüt mit dem Stock der Entschlossenheit gegenübertreten. Setzt euch nicht hin und weint deshalb!“

Einer der jüngeren aus unserer Gruppe fragte Swami: „Unser Land wird heutzutage von vielen Problemen heimgesucht; es gibt so viel Ungerechtigkeit und Schlechtigkeit. Wie kann man die Dinge in Ordnung bringen?“

Swami antwortete:

„Gott kümmert sich um das Land. Doch ihr müsst eure Pflicht tun. Sorgt dafür, dass Ungerechtigkeit und Schlechtigkeit nicht in euch eindringen. Erledigt die euch anvertraute Arbeit gewissenhaft.

Strengt euch bis an die Grenzen eurer Fähigkeiten an. Ihr könnt beten: ‚Lokasamastāh sukhino bhavantu' – ‚Mögen alle Wesen in allen Welten glücklich sein.' Ihr könnt andere nicht verändern, indem ihr ihnen Predigten haltet. Ihr müsst ein Vorbild sein. Ihr müsst euer Gemüt rein halten und der *Ashram*-Disziplin folgen."

Dann erklärte Swami, wie man die Schüler formt. Er sagte:

„Der Körper des Kindes ist eine Widerspiegelung des Vaters; in den Herzen der Schüler spiegelt sich der Lehrer wider. Die Schüler werden eure Gedanken und Gefühle übernehmen. Euer Charakter und euer Verhalten beeinflussen die Schüler. Wenn die Lehrer gut sind, werden auch die Schüler gut sein. Wenn ihr den rechten Weg geht, braucht ihr die Studenten nicht über Charakterbildung zu belehren; sie werden euch nacheifern. Charakterbildung ist ein allmählicher Prozess. Ihr solltet geduldig sein. Die Blüte am Baum wird auch nicht in einem Tag zu einer reifen Frucht. Das braucht Zeit. Eure Bemühungen werden nicht vergeblich sein; irgendwann werden sie Früchte tragen."

Danach gewährte Swami allen Lehrern *Padanamaskar*.

Nach dieser wundervollen spirituellen Anleitung wurden Snacks und Tee im *Mandir* serviert. Obwohl Swami selbst nichts aß, versorgte er die Gäste aufs Üppigste. Als alle ihren Tee getrunken hatten, sagte Swami: **„In Brindavan warten viele Devotees auf mich. Ich muss jetzt gehen"**, und stand auf. Er sah uns an und sagte: **„Ihr seid alle müde; ihr habt zwei Tage lang sehr schwer gearbeitet. Ich komme wieder hierher."**

Bevor Swami losfuhr, sagte er, wir sollten am Eingang zum Schulgelände einen Torbogen bauen. Als Swamis Wagen Sathya Sai Grama verließ, hatten wir alle das Gefühl, dass unser Herz ihm folgte. Es war ein unvergesslicher Tag in unserem Leben.

Am nächsten Tag fuhren wir nach Brindavan, um Swami für die Liebe und Gnade, mit der er uns überschüttet hatte, unsere Dankbarkeit zu bezeugen. Wir saßen im „Sairam Shed" am südlichen Ende der versammelten Menge, gegenüber vom *Mandir* und warteten auf Swamis *Darshan*. Swami sah uns sofort, als er aus dem *Mandir* kam und gab uns ein Zeichen hineinzugehen. Wir standen auf und verneigten uns zu seinen Füßen. Er sagte: **„Ihr braucht nicht da zu sitzen und auf *Darshan* zu warten. Ihr könnt direkt hineingehen."**

Wir waren überwältigt von der wohlwollenden Geste; wir gingen hinein und warteten auf Swami. Nachdem er im „Sairam Shed" *Darshan* gegeben hatte, kam Swami zurück und wir sagten: „Swami, wir sind dir sehr dankbar, dass du uns unter deine Fittiche genommen hast."

Swami erwiderte: **„Ihr seid mein und ich gehöre euch. Dankt ihr eurer Mutter, wenn sie etwas für euch tut?"**

Wir fühlten uns wie Kinder, die von der Mutter auf den Schoß genommen wurden.

Nach ein paar Tagen wurde in Brindavan eine Hochzeit gefeiert, zu der auch ich eingeladen war. Die Hochzeitsfeierlichkeit fand in Swamis göttlicher Gegenwart in der Hochzeitshalle im *Ashram* statt. Swami betrat die Halle und ging den ganzen Gang zwischen den Männern und Frauen entlang. Als er mich sah, fragte er mich neckend: **„Oh! Du willst auch heiraten?"**

Ich schwieg, doch mein Herz antwortete auf seine Weise: „Ich will keine Hochzeit in dieser Welt!"

Swami sagte: **„Das ist schon geschehen ... deine Hochzeit mit Gott fand schon statt!"**

Mein Herz war von einer himmlischen Freude der Vereinigung mit Gott erfüllt, und meine Augen antworteten mit Tränen darauf. Was hätte ich mehr erbitten können?

„Deine Hochzeit mit Gott fand schon statt"

11. Eine mühsam erlernte Lektion

Diejenigen, die mit der einzigartigen Gelegenheit gesegnet sind, in regelmäßigem Kontakt mit Swami zu sein, sollten immer bedenken, dass ein großer Unterschied besteht zwischen unserer menschlichen (Wahrnehmung) und seiner göttlichen Wahrnehmung von Menschen und Materie. Unsere Wahrnehmung ist eng und begrenzt; Swamis Wahrnehmung ist vollkommen und alles umfassend. Wir werden durch unsere Vorurteile und Vorlieben, unser Ego und Eigeninteresse beeinflusst. Swami ist völlig selbstlos und betrachtet die Dinge ausschließlich im Hinblick auf das Wohlergehen aller Betroffenen. Wir sind oft kurzsichtig und uns weder der ganzen Vergangenheit noch der Zukunft bewusst. Er weiß um Vergangenheit und Zukunft. Er sieht viele Dinge und Dimensionen, die unseren Horizont übersteigen. Unser Denken wird im Allgemeinen lediglich durch materielle Betrachtungen bestimmt. Für Swami ist spirituelles Wohlergehen äußerst wichtig, denn Materie ist vergänglich, das Selbst aber ist ewig. Weil der Unterschied zwischen seiner und unserer Wahrnehmung so groß ist, sind wir oft ratlos im Umgang mit Swami. Wir können das Problem am bes-

„Die Verkörperung des völligen Gewahrseins“

ten überwinden, wenn wir uns daran erinnern, dass Swamis Ansichten und Entscheidungen immer richtig sind, und diese dann bedingungslos und bereitwillig annehmen. Je weniger wir unser Hirn benutzen, umso besser ist es für uns in solchen Situationen. Oft ist das Herz weiser als der Kopf.

Die Wahrheit, dass Swami eher auf unsere Gefühle als auf unsere Worte und Handlungen reagiert, erfuhr ich auf seltsame, aber wirksame Weise nach Swamis erstem Besuch in Sathya Sai Grama.

Ich schreibe diesen Zwischenfall heute, im Alter von 57 Jahren nieder. Damals, als es geschah, war ich 32; es war unmittelbar nach Swamis erstem Besuch in Sathya Sai Grama. Swami hatte während seines Besuches unserem Vorschlag zugestimmt, das Ziegeldach des Schulgebäudes durch ein Zementdach zu ersetzen. Er beauftrage uns, zu überprüfen, ob die Fundamente des Gebäudes stark genug wären, eine zusätzliche Last zu tragen. Ich bin Ingenieur und hatte die Bauarbeiten beaufsichtigt, deshalb war ich zuversichtlich, dass die Fundamente stark genug waren. Swami war bereits wieder in Prasanthi Nilayam, als wir mit den ausführlichen Bauzeichnungen fertig waren. Etwa zehn Tage nach seinem Besuch in Sathya Sai Grama fuhr ich mit einem jüngeren Kollegen, der die Bauarbeiten mit mir beaufsichtigt hatte, nach Prasanthi Nilayam, um Swamis Segen für die Arbeiten zu bekommen. Wir erreichten Prasanthi Nilayam per Motorrad um neun Uhr morgens. Die Bhajans begannen um elf Uhr. Voll jugendlicher Begeisterung und Erwartung saßen wir auf der Veranda des *Mandirs*, genau gegenüber vom Interviewraum. Swami war im Interviewraum; auf der Veranda saßen nur wenige Leute. Nach einer Weile kam Swami heraus und sah uns an. Aber da war nicht das übliche Lächeln zu unserer Begrüßung. Er fragte uns: **„Was ist los?“**

Ich stand auf und ging mit den Zeichnungen auf ihn zu; mein Kollege folgte mir. Ich entfaltete die Rolle, und Swami warf einen flüchtigen Blick darauf. Ich hatte angenommen, dass er uns hineinholen, die Zeichnungen genauer ansehen und uns dann mit seiner Erlaubnis, die Arbeiten zu beginnen, segnen würde. Aber offensichtlich wurde Swami sehr ärgerlich, warf uns die Zeichnungen zurück und sagte: **„Ihr hättet nichts zu tun brauchen … Unser Ingenieur wird kommen und alles erledigen!“**

Swami verließ die Veranda und ging für eine Weile in den Hof zu den Devotees. Danach ging er mit einigen Devotees, die er ausgewählt hatte, in den Interviewraum. Wir saßen auf der Veranda und warteten. Den ganzen Morgen und auch den ganzen Nachmittag ignorierte Swami uns völlig. Ich fühlte mich ernsthaft gekränkt und gedemütigt. Trotz gründlicher Überlegungen verstand ich nicht, was schiefgegangen war. Je mehr ich darüber nachdachte, umso verwirrter wurde ich. Es war das erste Mal, dass ich so grob von Swami behandelt wurde, und es fiel mir schwer, dies zu akzeptieren. Mein Gemüt war völlig durcheinander. Ich schlief kaum in der Nacht. Ich stand gegen fünf Uhr auf, weckte meinen Kollegen und sagte: „Komm, mach dich fertig; lass uns nach Muddenahalli zurückkehren!"

Er war sehr erstaunt, denn wir hatten am Abend zuvor beschlossen, auch am nächsten Tag auf Swamis Segen zu warten. Zögernd sagte er: „Bruder Murthy, können wir ohne Swamis Segen gehen?"

„Ich glaube nicht, dass Swami mit uns sprechen wird, auch wenn wir den ganzen Tag hier warten ...Wenn du bleiben willst – ich hab nichts dagegen. Ich gehe", antwortete ich ungeduldig.

Es blieb ihm nichts anderes übrig, als mit mir zu kommen. Wir fuhren von unserem Zimmer aus um sechs Uhr morgens ab und verließen das Gelände in der Morgendämmerung durch das Haupttor, um nach Sathya Sai Grama zurückzukehren.

Trotz allen Ergründens entzog sich mir der Grund für Swamis augenscheinlichen Ärger. Ich ging zur Tagesordnung über, aber die innere Verletzung nagte. Ich hatte eine große Abneigung, nach Prasanthi Nilayam zu fahren. Zwei Monate verstrichen. Ich hatte begonnen, Swami um Vergebung meiner Fehler und begangenen Unrechts zu bitten, die seinen Ärger verursacht haben konnten.

An einem Samstagabend kam Shrī Gangadhar Bhat mit einigen Amtsträgern aus Alike nach Muddenahalli. Am nächsten Morgen fand im *Mandir* eine Versammlung aller Mitarbeiter statt. Die Sitzung begann um neun Uhr. Gegen zehn Uhr hörten wir lautes Klopfen an der Tür. Ich ging zur Tür und fand zwei von Panik ergriffene Schüler und einen Hausboten vor der Tür stehen. Während wir unsere Sitzung hielten, war ein Missgeschick passiert.

Der Vater eines unserer Schüler besaß einen Granitsteinbruch. Er hatte einige Steinplatten mit seinem Laster bringen lassen. Diese Steinplatten waren für den Hof der Molkerei bestimmt. Nachdem der Fahrer die Steinplatten entladen hatte, parkte er den Laster auf dem Gelände zwischen Schulgebäude und Wohnheim und ging dann frühstücken. Nur der achtzehnjährige Junge, der den Laster putzte, blieb beim Fahrzeug. Der Sohn des Steinbruchbesitzers – er war in der neunten Klasse – fand den Lastwagen ohne Fahrer und mit dem Zündschlüssel im Schloss vor. Er wusste, dass alle Lehrer in der Sitzung waren und so beschloss er, seinen Schulkameraden seine Fahrkünste vorzuführen. Er überredete den Wagenwäscher, der nur ein paar Jahre älter war als er, ihn den Laster fahren zu lassen. Mit acht Klassenkameraden und dem Wagenwäscherjungen fuhr er los. Er lenkte den Laster vom Schulgelände auf die Hauptstraße und fuhr in das nahegelegene Dorf. Auf dem Rückweg gab er Vollgas und verlor die Kontrolle über das Fahrzeug. Der Laster überschlug sich und fiel in den Straßengraben. Erstaunlicherweise kamen alle Schüler und der Fahrer lediglich mit Prellungen und kleineren Verletzungen davon. Der Wagenwäscherjunge jedoch, der versucht hatte, vom Wagen zu springen, war auf der Stelle tot. Das war für uns alle ein arger Schock, und ich bereute, dass ich für die Dauer der Sitzung nicht einige Lehrer zur Beaufsichtigung der Schüler eingesetzt hatte.

Der Steinbruchbesitzer eilte an den Unfallort, um alles, was im Zusammenhang mit dem Unfall stand, zu erledigen. Doch ein kostbares junges Leben war verlorengegangen. Ich fühlte mich elend, weil kurz nachdem Swami die Institution übernommen hatte, so ein Missgeschick in Sathya Sai Grama passierte. Mein Gefühl, Schuld an diesem Unglück, das Swamis strahlendes Ansehen schädigen könnte, zu sein, verfolgte mich ohne Unterlass. Hinzu kam, dass Swami nun in Whitefield war und an diesem Morgen auf dem Weg dorthin durch Chikballapur gefahren war. Wir hatten nichts von Swamis Reise gewusst. Den ganzen Tag konnte ich nichts essen und in der Nacht fand ich keinen Schlaf. Ich verbrachte meine ganze Zeit mit Gebet und Reuegefühlen.

In der Zwischenzeit war Shrī Gangadhar Bhat mit seinen Kollegen aus Alike nach Whitefield weitergereist. Sie wollten Swami nach Alike einladen. Ich war nicht in der rechten Verfassung, sie zu begleiten und blieb in Sathya Sai Grama. An diesem Abend erhielt ich gegen acht Uhr einen Telefonanruf aus Whitefield. Shrī Gangadhar Bhat teilte mir mit, Swami wolle, dass ich am nächsten Morgen nach Whitefield komme. Er wies mich darauf hin, dass ich mich auf einen gehörigen Tadel von Swami gefasst machen solle, denn der sei offensichtlich sehr verärgert über den Unfall in Sathya Sai Grama. Aber ich wurde eher von völliger Reue ergriffen als von Furcht. Ich intensivierte meine Bitte um Vergebung.

Ich kam am nächsten Morgen nach Brindavan. Swami hatte sein Zimmer im ersten Stock noch nicht verlassen. Dr. M.B. Sundar Rao, der Vorsitzende des Verwaltungsrates der Sri Sathya Sai Loka Seva Stiftung, empfahl mir, Swami sofort zu Füßen zu fallen, sobald dieser erschien, und ihn um Vergebung zu bitten. Ich wartete auf Swami und wagte kaum zu atmen. Es herrschte eine sehr ernste Atmosphäre, und mir liefen Tränen der Reue die Wangen hinunter. Swami kam mit einem strahlenden Lächeln herunter. Ich fiel ihm schluchzend zu Füßen und bat ihn: „Swami, bitte, vergib mir meinen Fehler.“

Ich war völlig verblüfft, als Swami weiterhin lächelte und mich an den Händen hochzog. Er sagte: **„Warum? Wofür bittest du um Vergebung? Es war schließlich nur ein Unfall; das kann mit jedem Fahrzeug passieren!“**

Swami wischte mit der rechten Hand sanft meine Tränen fort und hielt meine beiden Hände in seiner linken Hand. Ich fiel in einen Zustand der Trance – mein Elend war sofort in Glückseligkeit verwandelt worden. Swami fuhr fort: **„Warum hast du Prasanthi Nilayam an jenem Morgen so schnell verlassen? Ich sah dich von meinem Zimmerfenster aus auf dem Motorrad durch das Haupttor fahren und eilte die Treppe hinunter. Ich habe sogar den Wächter hinter dir hergeschickt, um dich am Ganesha-Tor anzuhalten. Doch du warst auch schon durch dieses Tor gefahren!“**

Ich war sprachlos vor Freude und völlig überwältigt von diesem Schwall von Liebe; und so ging es auch den anderen um mich herum. Es war genau das Gegenteil von dem geschehen, was wir alle erwartet hatten. Dann rief Swami uns in einen Raum, in dem einige Schränke standen. Er öffnete einen nach dem anderen und zeigte uns, was darin war. Er sagte, dass die Pullover für die Schulkinder in Ooty[6] bestimmt seien und die Saris für die Mädchen der Anantapur-Universität. Er sah mich an und scherzte: **„Willst du auch einen Sari? ... Ich gebe dir einen!“**

Dann setzte Swami sich mit uns in den Interviewraum und überschüttete uns durch seine süßen Worte mit seiner unendlichen Liebe und Gnade. Er sagte mir, ich solle mit den Bauarbeiten an dem Dach des Schulgebäudes in Sathya Sai Grama beginnen. Die größte Gunst erwies Swami uns, als er versicherte, dass er Alike besuchen werde, sobald die

---

[6] Eine Stadt in den Nilgiri Bergen von Tamil Nadu, wo Swami früher eine Schule hatte.

Regenzeit vorüber sei. Wir verließen den Raum gereinigt und geheiligt; wir hatten in seiner göttlichen Liebe und Glückseligkeit gebadet.

Mit dem Meister in einer Reihe

Nach diesen beiden Erfahrungen, als ich anscheinend für einen nicht begangenen Fehler getadelt und für ein Missgeschick belohnt wurde, musste ich mein Herz ergründen, um eine Antwort darauf zu finden.

Bei der zweiten Erfahrung war ich mit einem Gefühl völliger Kapitulation vor Swami nach Brindavan gefahren; als ich nach Prasanthi Nilayam gefahren war, fehlte mir die Demut im Herzen. Hätte ich im ersten Fall Hingabe besessen, wäre ich nicht beleidigt, verletzt und gedemütigt von Puttaparthi abgereist. Stolz und Ego hatten sich in den Weg gestellt und verhindert, dass ich mich Swami fügte.

Der Heilige Basaveswara beschreibt in einer seiner Kannada-Kompositionen wunderschön, wie die rechte Haltung im Herzen eines Devotees in einer solchen Situation sein sollte. Er unterwarf sich seinem Gott von Koodala Sangama mit den Worten: „Wenn Du mich mit Deinem rechten Fuß trittst, werde ich mich an Deinem linken Fuß festhalten. Bitte, beschütze mich! Es ist meine Schwäche zu irren; zu vergeben ist Dein Ruhm. O Herr von Koodala Sangama, ich bin Dein Kind. Bitte, erbarme Dich meiner!“ In der Bibel heißt es: „Gott straft den, den er liebt.“ Das größte Geschenk, die Vereinigung mit Gott, erhält man erst, wenn man sein Ego völlig ausgelöscht hat. In diesem Zusammenhang sagt Swami: **„Der Mensch betet zu 30 Millionen Göttern um Befreiung und dennoch findet sein Leid kein Ende. Wenn er sein Ego vernichten kann, warum braucht er dann Befreiung? Ist er nicht selbst Befreiung?“**

Ego ist nicht Stolz oder Arroganz; Ego ist die Wurzel von Stolz und Arroganz. Ego ist die Identifizierung mit dem Körper, die falsch ist. Wenn man diese Identifizierung mit dem Körper entfernt, entdeckt man seine wahre Identität, die Einheit mit dem Göttlichen. Das ist es, was der Guru oder Meister mit seinem Schüler macht; aber der Prozess ist bitter und schmerzhaft für den Schüler. Ein guter Schüler sollte sich diesem läuternden Prozess durch den Meister bereitwillig und ohne Widerstand unterziehen.

Als ich diese Episode niederschrieb, war ich in Prasanthi Nilayam. An diesem Nachmittag dachte ich daran, wie Swami mir vor 24 Jahren die Bauzeichnungen zurückgeworfen hatte, als ich fast an derselben Stelle auf der Veranda gesessen hatte. Swami kam aus dem Interviewraum und rief mich hinein. Im Raum saß bereits ein älterer Herr, der Mitglied des „Central Trust“ war. Den ganzen Nachmittag über gab es draußen auf der Straße, die am *Ashram* entlang führte, viel Lärm, verursacht durch eine große Menschenmenge. Swami saß auf seinem Stuhl, und draußen hörte man Knallkörper explodieren. Er fragte den Mann vom Trust: **„Was ist das für ein Lärm?“**

„Swami, ich glaube, da werden Wahlergebnisse verkündet. Der Wahlsieger feiert seinen Sieg mit seinen Anhängern“, antwortete er.

Swami fragte ihn, wer gewonnen und wer verloren hatte. Als die Namen der beiden Kandidaten genannt wurden, fragte Swami mich: **„Weißt du, warum der Mann die Wahl verloren hat?“**

„Swami, ich weiß es nicht …, aber du weißt es sicher!“, sagte ich.

„Ja, sein eigener Stolz und sein Ego haben ihn besiegt!“, erklärte er.

Für mich hörte sich das an wie die Wiederholung einer Lektion, die ich unter großen Schwierigkeiten gelernt hatte, und auch wie die Bestätigung einer Wahrheit, die ich durch viele ähnliche Lektionen eingehämmert bekommen hatte!

Immer wenn ich Swami begegne, bemühe ich mich, an das Heilige und Majestätische in seiner Beziehung zu uns zu denken. 1979 hatte

Swami mich gebeten, den *Mandir* in Prasanthi Nilayam von den Malern anstreichen zu lassen, die er in Sathya Sai Grama hatte arbeiten sehen. An einem jener Abende saß ich auf der Veranda und Swami kam, deutete auf das „*Dashāvatara*-Tor“ und fragte mich: **„Wer hat das angestrichen?“**

Ich verstand, dass Swami mit den Malerarbeiten zufrieden war. Ich stand auf und suchte die beiden Anstreicher, die dort gearbeitet hatten. Da ich sie nicht finden konnte, nannte ich Swami nur ihre Namen. Dann drehte Swami sich plötzlich zu mir um, deutete auf mich, indem er mit seiner Hand von unten nach oben zeigte und fragte mich: **„Weißt du, wer diese Puppe (an)gemalt hat?“**

Die Frage kam so völlig unerwartet, dass ich nur stumm da stand und nichts sagte. Swami lächelte und sagte: **„Ich war das! ... Warum siehst du mich so an? ... Ja, ich hab euch alle (an)gemalt!“**

Als mir der Sinn seiner Worte dämmerte, ging ich auf die Knie und legte meinen Kopf auf seine Lotosfüße! Wir sind die Puppen, die er geschaffen hat. Ja, er ist der Puppenspieler und wir sind die Marionetten in seinen Händen. Mögen wir immer an diese Wahrheit denken, besonders dann, wenn wir ihm begegnen.

Der Puppenspieler und seine Marionette

12. Das Zusammenwirken „seiner“ Liebe und „ihrer“ Hingabe

Die dunklen Monsunwolken am Himmel über dem schönen Land Dakshina Kannada verzogen sich und die Sonne kam hervor. Die gute Nachricht von *Bhagavāns* göttlichem Besuch erreichte Sathya Sai Vihar und erfüllte die Luft mit großem Jubel und freudiger Erwartung. Alle – Studenten, Lehrer, Administratoren und Dorfbewohner – erhoben sich wie ein Mann und arbeiteten mit Begeisterung, um den Ort für den Besuch ihres Herrn zu verschönern. Auf allen Gesichtern sah man ein erfülltes Lächeln. Die Jahre des Wartens und der Buße wurden am 29. Januar 1979 belohnt. Es war der Tag, nach dem Anna sich gesehnt hatte und für den er bis zu seinem Lebensende täglich gebetet hatte. Das war der Tag, an dem das Dorf dafür belohnt wurde, dass es einen großen, edlen Sohn wie Anna hervorgebracht hatte.

Swamis Flugzeug landete an diesem bedeutungsvollen Morgen um zehn Uhr auf dem Flughafen von Mangalore.

Colonel Joga Rao, ein Mitglied des Sri Sathya Sai Central Trusts, und Shrī Chella Subrayudu, ein ehemaliges Kabinettsmitglied der Regierung von Andhra Pradesh, begleiteten Swami. Unser Herz hüpfte vor Freude, als wir Swami aus dem Flugzeug steigen sahen. Sein Gesicht strahlte vor Liebe und Glückseligkeit. Er betrachtete die Devotees, die gekommen waren, um ihn zu empfangen und hob dann seine Hand zum Segen.

Unter den Devotees, die Swami mit Blumen willkommen hießen, waren Shrī N. Kasturi, Vorsitzender der Sri Sathya Sai Seva Organisationen von Karnataka, Shrī T.A. Pai, Kabinettsdirektor der Regierung in Delhi, Shrī K.K. Pai, Vorsitzender der Syndicate Bank, Shrī Mukunda Prabhu, Bezirksleiter der Sri Sathya Sai Organisationen, Shrī U. Gangadhar Bhat und weitere Amtsträger der Sri Sathya Sai Loka Seva Stiftung. Die Devotees hatten voller Begeisterung einige große importierte

Autos mit Klimaanlage für Swamis Weiterreise auf dem Landweg besorgt. Doch Swami zog es vor, in einem weißen „Ambassador“ (ein einheimisches Fabrikat) zu reisen. Das Auto gehörte der Sri Sathya Sai Loka Seva Stiftung, deren einziger Treuhänder er war. Die nächsten zwei Tage fuhr Swami über weite Entfernungen und auf oft staubigen Straßen nur in diesem Fahrzeug. Er machte sich nichts aus den Unbequemlichkeiten und dem schwülen Wetter. Die geringe Geschwindigkeit des Fahrzeugs war eine zusätzliche Beschwernis; der Motor war gerade generalüberholt worden!

Göttliche Ankunft in Sathya Sai Vihar

Auf der ganzen Strecke, vom Flughafen bis nach Sathya Sai Vihar, standen in allen Dörfern und Städten viele Devotees am Straßenrand. In einigen Orten wurden Bhajans gesungen. Swami ließ dann den Wagen anhalten, stieg aus und empfing *Ārati*. Die Atmosphäre an diesen Orten war von Hingabe und göttlicher Freude durchdrungen.

Selbst heute noch, nach 25 Jahren, erinnere ich mich eines Anblicks, der mein Herz während dieser Reise sehr berührt hatte. Es war ein Symbol für Swamis unendliche Barmherzigkeit. Ich war glücklicher Zeuge dieser Begebenheit und zutiefst ergriffen von dieser Erfahrung. Ich saß mit einem älteren Devotee und dem Fahrer in einem Fahrzeug, das unmittelbar hinter Swamis Auto fuhr. In einem der Dörfer sahen wir eine Gruppe von Devotees, die am Straßenrand Bhajans sangen. Swami ließ den Wagen anhalten, stieg aus und segnete die Devotees. Nachdem er wieder eingestiegen war, brauste der Konvoi durch das Dorf davon. Kaum hundert Meter außerhalb der Ortschaft sahen wir eine alte Frau, die alleine am Straßenrand vor ihrer kleinen Hütte stand. In der rechten Hand hielt sie einen Korb mit Blumen und Früchten und mit der linken Hand stützte sie sich auf ihren Stock. Offensichtlich wollte sie diese Blumen und Früchte Swami darbringen. Während wir uns noch fragten, ob Swami ihr Gebet erhören würde, hielt sein Auto schon mit quietschenden Bremsen neben der Frau an. Es fand eine kleine Unterhaltung statt zwischen der Devotee und ihrem Gott, die wir nicht verstehen konnten. Wir sahen, wie Swami durch das Fenster mit seiner rechten Hand sanft den gebeugten Kopf der Frau berührte. Die alte Frau hielt den Korb hoch, und Swami wählte ein paar Früchte und Blumen aus. Dann fuhr sein Auto weiter. Als wir an der Frau vorbeifuhren, sahen wir, wie sie Korb und Gehstock auf die Straße fallen ließ, und beide Hände faltete zum Gruß an Swamis davonfahrenden Wagen; Freudentränen liefen ihr über die Wangen. Ihr unvergessliches altes Gesicht bot ein Bild völliger Erfüllung. Der ältere Devotee in unserem Wagen rief aus: „Das ist *Shabarī-Moksha*!“ Dieses wunderbare Erlebnis erinnerte ihn an die berühmte Geschichte, als Shrī Rāma seiner alten und einsamen Devotee *Shabarī* im Wald Befreiung gewährt, indem er ein paar Beeren von ihr annimmt!

Mich erinnerte es an *Krishnas* göttliche Zusicherung in der *Bhagavadgita*: „Ich werde alles annehmen, was ein Devotee mir mit Hingabe darbringt, sei es ein Blatt, eine Blume, eine Frucht oder Wasser!“

Es waren Annas Hingabe und Idealismus, die Swami an diesem Morgen in dieses unbekannte Dorf Alike gebracht hatten! Es war wie bei *Krishna*: Während die Prinzen und andere Angehörige des Königshauses miteinander wetteiferten, *Krishna* als Gast zu empfangen, besuchte *Krishna* die armselige Hütte seines Devotees Vidura in Hastinavati.

Es war ein sehr großer und bewegender Empfang, der Swami bereitet wurde, als er um die Mittagszeit in Sathya Sai Vihar ankam. Tausende von Menschen waren gekommen, und der ganze Platz war von intensiver Hingabe durchdrungen. Alles war bunt geschmückt worden. Die Klänge von Bügelhörnern, Muschelhörnern, einer Musikgruppe und vedischen Gesängen erfüllten die Luft. Es war eine himmlische Atmosphäre. Swami wurde am Eingang des Schulgeländes mit einem *Pūrnakumbha* begrüßt; mehr als tausend weißgekleidete Schüler, die rechts und links des Weges standen, bildeten die Ehrengarde. Viele Tanzgruppen in prächtigen Kostümen tanzten am Anfang der Prozession. Als Swami den *Mandir* erreichte, der höher als Schule und Wohnheime lag, wurden 21 Schuss Salut abgefeuert. Swami trat auf den Balkon des *Mandirs* und hisste die Prasanthi-Flagge.

Dann segnete er die Devotees, die sich auf dem offenen Gelände rechts vom *Mandir* versammelt hatten. Ihre Freude kannte keine Grenzen. Swami betrachtete bewundernd die große Grünfläche an drei Seiten des *Mandir* und fragte, wo die Grenzen des Schulgeländes lagen. Shrī Gangadhar Bhat erklärte Swami, was alles zum Schulgelände gehörte. Später saß Swami mit uns in der Halle, die neben seinem Wohnraum lag. Er sprach mit jedem von uns und überschüttete uns mit göttlicher Glückseligkeit.

Liebesregen in Sathya Sai Vihar

Am Nachmittag segnete Swami die erste Sitzung der Sri Sathya Sai Loka Seva Stiftung mit seiner göttlichen Gegenwart und Führung. Als erstes regelte er alle Schulden der beiden Institutionen, Alike und Muddenahalli, die sich im Laufe ihres Entstehens angesammelt hatten. Er sagte: „**Ich kann mit diesen Darlehen, die auf meinen Namen laufen, nicht ruhig schlafen!**“

Lange vor Beginn der öffentlichen Veranstaltung hatten sich Tausende von Devotees auf dem Schulsportgelände versammelt und sangen Bhajans. Die Luft war erfüllt von ihrer inbrünstigen Hingabe. Swami kam um halb fünf nachmittags heraus; er ging durch ihre Reihen und segnete sie. Für einige Dorfbewohner materialisierte er *Vibhuti*. Einer von ihnen war Rama Gowda, der seit langem blind war. Swami legte ihm segnend die Hand auf den Kopf. Diese göttliche Berührung gab ihm das Augenlicht wieder!

Die Veranstaltung begann, als Swami die Bühne bestieg, die für diesen Zweck im westlichen Teil des Geländes errichtet worden war.

Zwei Schüler – ein Junge und ein Mädchen – hatten das Glück, nach den vedischen Gebeten eine Ansprache halten zu dürfen. Danach sprach Dr. M.B. Sundar Rao über Sais Herrlichkeit und über die Demut und Hingabe der *Tyāga Jīvis*, die in den beiden Institutionen, Alike und Muddenahalli, dienten. Shrī U. Gangadhar Bhat war in Tränen aufgelöst, als er Swami im Namen aller dafür dankte, dass er den Ort durch die Berührung seiner göttlichen Füße segnete. Er bat Swami auch um eine segensreiche Botschaft an die Devotees. Swami sprach etwa dreißig Minuten lang in einem unnachahmlichen, einfachen und anmutigen Kannada. Zu Beginn seiner Ansprache sang er ein wunderschönes Kannada-Lied, das von einem bekannten Heiligen Karnatakas komponiert worden war. Die Zuhörer, überwiegend Leute, die Kannada sprachen, waren begeistert.

Seine Rede, die nicht von Übersetzungen unterbrochen wurde, war sehr inspirierend. Er sagte:

„Für den Reisenden, der im Boot des Lebens den stürmischen und hindernisreichen Ozean von *Samsāra* überquert, ist die Flamme der Spiritualität das Licht, das ihn hinüberführt und ihn bewacht. Für diejenigen, die diese Wahrheit nicht verstehen, wird das Leben zu einer Kette von unaufhörlichen Schwierigkeiten.

Dieses Universum ist riesig; die Zeit ist unendlich. Doch der menschliche Körper ist vergänglich. Der Mensch muss das Ziel, die

Erfüllung, in der kurzen Zeitspanne seines Lebens erreichen. Von allen Lebens- und Daseinsformen ist das menschliche Leben das kostbarste. Nur durch die Erkenntnis des Selbst kann der Mensch die ewige Glückseligkeit erfahren, nach der er sich sehnt. Um das zu erreichen, muss er sich Gottes Gnade verdienen.

Wo ist Gott? Er ist überall. Die Menschen nennen ihn ‚Sarvāntaryāmi', den Allgegenwärtigen und ‚Sarvabhūtāntarātman, das Selbst, das im Inneren aller Wesen wohnt. In Wirklichkeit aber ist er die Liebe in jedem Wesen. Jeder hat Liebe in sich, aber sie wird durch die engstirnige Art, mit der wir unsere individuellen Beziehungen betrachten, verunreinigt.

Alle wollen auf irgendeine Weise Freude erfahren. Viele Menschen lassen sich von den vergänglichen Freuden wie Essen, Schlaf oder andere Sinnesfreuden täuschen. Andere suchen ihre Freude darin, dass sie materiellem Reichtum und Besitz hinterherjagen. Aber ihr werdet nur dann unsterbliche Glückseligkeit erfahren, wenn ihr Gott auf dem Altar eures Herzens einen Platz gebt. In den *Upanishaden* wird gesagt, dass man Unsterblichkeit nur erreichen kann, wenn man Opferbereitschaft und Bindungslosigkeit entwickelt. Wohlstand und Nachkommen nützen nichts.

Wir sollten die Liebe in unserem Herzen selbstlos Gott opfern. Die Einwohner von *Dvārakā* wurden stolz und hochmütig, weil sie dachten und sagten: ‚*Krishna*! Du bist unser, Du bist mit uns verwandt!' Diese eigensüchtige und besitzergreifende Liebe war letzten Endes ihr Verderben. Die *Gopis* hingegen gaben sich *Krishna* in völliger Liebe hin. Sie sagten: ‚Herr! Wir gehören Dir. Alles, was wir besitzen, gehört Dir. Wir bringen Dir unser Herz, unseren Körper, unser Gemüt und unseren Reichtum dar. Ohne Dich sind wir nichts!' Ihre Selbstaufgabe verlieh ihnen die höchste Erfüllung des Lebens.

Narayan Bhat, der diese Institutionen gegründet hat, war ein heiliger Mensch. Diejenigen, die Narayan Bhat lieben, sollten seinem Beispiel nacheifern. Es genügt nicht, wenn wir ihn nur loben. Nur diejenigen, die seine Ideale praktizieren, sind seine wahren Brüder und Verwandten.

Was ist Hingabe? Hingabe ist Liebe zu Gott. Das bloße Singen von frommen Liedern oder das Rosenkranzbeten sind keine Hingabe; auch Kontemplation und Meditation genügen nicht. Dies sind

auch, in gewisser Weise, eigensüchtige Aktivitäten. Ihr solltet nicht nur Gott als Vater betrachten, sondern auch alle Menschen als Geschwister. Ihr müsst euren Wohlstand und eure Kraft dazu nutzen, mit einem Herzen voll selbstloser Liebe den Armen und Bedürftigen zu helfen. Premayoga oder der Weg der selbstlosen Liebe ist der beste und schnellste Weg, um Gott zu erreichen. Gott, der die Verkörperung der Liebe ist, kann nur durch Liebe erreicht werden. Den Mond kann man nur sehen, weil er leuchtet.

Ihr leistet hier die edle Arbeit, den Charakter der Schüler zu formen und sie zu ruhmreichen Bürgern Bhārats zu machen. Nur durch solche Bemühungen kann unser Land Bhārat gerettet werden. Die Politik kann unserem Mutterland nicht helfen. Kein *Mantra*, kein *Yantra* und kein *Tantra* können uns schützen. Wir können wahren Frieden und wahre Freude nur dann erlangen, wenn wir die heiligen Ideale der indischen Kultur in unserem Herzen verankern und ein vorbildliches Leben führen. In der nahen Zukunft werdet ihr die Nation auf diesem Weg vorwärts schreiten sehen; sie wird ihren verlorenen Ruhm wiedergewinnen!“

Nach der göttlichen Ansprache führten die Studenten ein Theaterstück auf, das „Bhakta Kanakadasa“ hieß.

Am nächsten Morgen gegen sechs Uhr in der Früh trat Swami auf den Balkon des *Mandirs* und gab Hunderten von Devotees, die sich nach *Nagarasamkīrtana* versammelt hatten, *Darshan*. Swami ging mehrere Male auf den Balkon, um die Dorfbewohner zu segnen und ihr Verlangen nach dem göttlichen *Darshan* zu stillen. Nach dem Frühstück saß Swami über eine Stunde lang mit uns in der Halle und beantwortete unsere spirituellen Fragen. Shrī Mukunda Prabhu aus Mangalore stellte eine sehr interessante Frage: „Sollte ein junger Aspirant Junggeselle bleiben, wenn er den spirituellen Weg wählt, oder kann er eine Familie gründen und trotzdem weiterhin den spirituellen Weg gehen?“

Er selbst war ein älterer, angesehener Familienvater und ein ernsthafter Aspirant auf dem spirituellen Weg. Viele von uns hatten den Weg des Zölibats gewählt, um sich *Sādhana* und *Seva* widmen zu können. Swami beantwortete die Frage nicht direkt; stattdessen erzählte er uns zwei Geschichten:

„Ich will euch die Geschichten von zwei bedeutenden Devotees erzählen. Als erstes die Geschichte von *Tukārām*. Er hatte eine sehr streitsüchtige Frau geheiratet, die seine Lebensweise gar nicht bil-

ligte. Sie warf ihm vor, dass er seine ganze Zeit damit verbrachte, das Lob Gottes zu singen und dabei seine Frau und Kinder vernachlässigte und nichts dazu beitrug, um die materiellen Grundbedürfnisse seiner Familie zu befriedigen! Aber Tukārām kümmerte sich nicht um ihre Zurechtweisungen und Proteste. Im Gegenteil, er löste sich immer mehr von der Welt und wandte sich mehr und mehr Gott zu! Eines Tages trug seine Frau ihm auf, aufs Zuckerrohrfeld zu gehen, die Ernte einzuholen und sie im Ochsenkarren nach Hause zu bringen. Sie erledigte derweil ihre Hausarbeiten. *Tukārām* fuhr aufs Feld, und während er das Zuckerrohr schnitt, besang er die Herrlichkeit seines geliebten Herrn *Vitthala*. Die Dorfkinder, die den liebenswürdigen und freundlichen *Tukārām* sehr gerne mochten, sich aber vor seiner Frau fürchteten, erfuhren, dass *Tukārām* alleine auf dem Feld war. Sie gingen zu ihm und baten ihn um etwas Zuckerrohr. Er gab ihnen allen so viel Zuckerrohr, wie sie wollten. Die Nachricht verbreitete sich schnell im Dorf, und stündlich kamen mehr und mehr Kinder aufs Feld. Als *Tukārāms* Frau hörte, was da auf dem Feld vor sich ging, rannte sie vor Wut schäumend aufs Feld. Ihre beiden Kinder folgten ihr. Als sie dort ankam, stand *Tukārām* mit einem Zuckerrohr in der Hand da, den Rest hatten die Dorfkinder mitgenommen. Sie konnte ihre Wut nicht bändigen, riss ihrem Mann das Zuckerrohr aus der Hand und verprügelte ihn damit. Dabei zerbrach das Rohr in vier Teile. Tukārām lächelte und sagte: ‚Ich habe mir den Kopf zerbrochen, wie ich es wohl unter uns Vieren verteilen sollte (Ehepaar und zwei Kinder). Du hast mir die Arbeit erleichtert!‘ Damit sammelte er die zu Boden gefallen Stücke auf!

Die zweite Geschichte handelt von *Kabīr*. Er war von Beruf Weber und hatte eine sehr fromme und hingebungsvolle Frau. Im Sommer stellte er seinen Webstuhl unter einen Baum im Hof und arbeitete. An einem sonnigen Nachmittag saß er an seinem Webstuhl und arbeitete, mit einer Nadel in der Hand, an einem Sari. Die Nadel entglitt ihm und fiel zu Boden. Er rief seine Frau und bat sie, eine Lampe zu holen, damit er mit Hilfe des Lichtes nach der Nadel suchen konnte. Sie folgte dem Befehl ihres Mannes umgehend und brachte ihm eine Lampe. Sie überlegte noch nicht einmal, ob bei dem hellen Tageslicht eine Lampe überhaupt nötig war. Als Kabīr sie mit der Lampe sah, rügte er sie: ‚Du bist ein Dummkopf; kannst

du nicht denken? Wozu soll die Lampe gut sein? Bring sie zurück!' Ohne ein Wort zu sagen, brachte sie die Lampe ins Haus zurück."

Nachdem Swami die beiden Geschichten erzählt hatte, fuhr er fort:

„Wenn man eine Frau wie die von Kabīr bekommen kann, dann kann man heiraten und die Reise zu Gott mit der Frau machen. Wenn man aber eine Frau wie die von Tukārām heiraten soll, dann ist es besser man heiratet nicht! Aber wie kann man sicher sein, was einen erwartet? Auch in der heutigen Zeit ist es schwierig, eine so hingebungsvolle Frau zu finden wie die von Kabīr!"

Unser Herz war erfüllt, als der göttliche Vortrag endete. Aber draußen warteten noch viele Menschen. Als Swami hinausging, um jede Ecke und jeden Winkel von Sathya Sai Vihar und Sharada Vihar durch die Berührung seiner göttlichen Füße zu heiligen, war es bereits nach halb neun abends.

Hinter dem *Mandir* war eine neue Gebetshalle entstanden. Das Baumaterial hierfür hatte Swami selbst aus Brindavan geschickt. Sie war so groß, dass sie etwa 1 000 Schüler aufnehmen konnte. Nachdem Swami diese Halle eingeweiht hatte, ging er zu „Prem Kutir", der Einsiedelei der *Tyāga Jīvis* – der Männer, die sich seiner Mission verschrieben hatten und keine familiären Bindungen eingegangen waren. Er saß in dem kleinen Gebetsraum und erkundigte sich nach der Arbeit, die ein jeder der Glücklichen, die dort wohnten, verrichtete. Er besuchte alle ihre Wohnräume und bewunderte, wie einfach sie lebten.

Von „Prem Kutir" aus ging Swami zum Schulgebäude. Er segnete die Büroräume des Vorsitzenden und des Rektors durch seine Gegenwart und setzte sich sogar auf deren Stühle. Er besuchte die Klassenräume und die naturwissenschaftlichen Labors.

Das nächste Ziel war „Vikasa", das Geschäftszentrum des Schulgeländes. Hier nahm er eine Handvoll Reis entgegen, den die Arbeiter ihm voller Hingabe anboten. Sie empfanden dieselbe erregende Freude wie der arme Kucela[7], als *Krishna* im *Dvāparayuga* eine Handvoll Reis

---

[7] Kucela war ein Schulfreund von *Krishna*. Als *Krishna* einmal hungrig war, bat er Kucela, der einige Körner in seiner Tasche aufbewahrte, ihm etwas zu essen zu geben. Doch Kucela sagte, er habe nichts, was er ihm geben könne; er wollte die Körner selbst essen. Für diese Unwahrheit und seinen Geiz wurde Kucela mit einem Leben in Armut bestraft. Als sie einmal gar nichts mehr zu essen hatten, überredete Kucelas Frau ihren Mann, *Krishna* aufzusuchen und ihn um Hilfe zu bitten. Als

von ihm entgegennahm! Damals war es der Devotee, der zu Gott ging; aber heute war Gott zu den Devotees gekommen. Auch die Sri Sathya Sai Druckerei und das Büro der kannadasprachigen Monatszeitschrift „Sevamrita“ (heute „Sanathana Sarathi“) wurden beglückt, indem der Herr einige historische Augenblicke dort verbrachte.

Das Hauptschulgebäude in Sathya Sai Vihar – 1996

Allgemeines Krankenhaus, Sathya Sai Vihar – 2002

Geschenk sollte er *Krishna* eine Handvoll Reis mitnehmen. Kucela zog los, und *Krishna* begrüßte ihn als alten Freund. Kucela schämte sich, *Krishna* die armselige Gabe anzubieten. Als er sich von *Krishna* verabschiedete, fragte dieser, ob er nicht den Reis haben könne, den er da in seiner Tasche habe. Kucela gab *Krishna* das Geschenk, und *Krishna* war hocherfreut über diese Gabe. Von da an brauchte die Familie nicht mehr zu hungern.

Als nächstes segnete Swami „Sharada Vihar", das Gelände der Grundschule, durch seinen göttlichen Besuch. Auch dort setzte sich der *Jagadguru* auf den Stuhl des Schuldirektors und erkundigte sich mit viel Liebe und Anteilnahme nach dem Wohlbefinden der Lehrer.

Sri Sathya Sai Loka Seva Volksschule

Nach etwa zwei Stunden kehrte Swami in die neue Gebetshalle von Sathya Sai Vihar zurück, wo die Studenten und Lehrer sich versammelt hatten und Bhajans sangen. Er nahm *Ārati* entgegen, gewährte allen das begehrte *Padanamaskar* und ging dann zurück in den *Mandir*.

Nach dem Mittagessen saß Swami eine Weile bei uns. Er materialisierte einen Silberanhänger für den Rektor, Shrī Narayana Rao, dem es zu der Zeit gesundheitlich nicht gut ging. Als Swami sich vom Stuhl erhob, um ins Wohnzimmer zu gehen, fiel der Wasserbecher auf dem Tisch, hinter dem er gesessen hatte, um und ergoss sich auf den glatten Boden, über den Swami laufen musste. Einer der anwesenden Lehrer nahm sofort seinen Schal und wischte den Fußboden damit trocken. Swami war sehr beeindruckt von dieser liebevollen und selbstlosen Geste. Als er nach Brindavan zurückkehrte, erzählte er allen Studenten und Lehrern davon. Und als er nach Prasanthi Nilayam zurückkehrte erzählte er es auch den Studenten dort. Er war auch voll des Lobes für das sehr spartanische und aufopfernde Leben der *Tyāga Jīvis* in Alike.

Nach einem betriebsamen Aufenthalt von etwas mehr als 24 Stunden, war für Swami nun die Zeit gekommen abzureisen. Er verließ

Sathya Sai Vihar um 12.45 Uhr. Draußen vor dem Schulgelände stand eine alte Frau mit einem Jungen am Straßenrand. Sie war die Mutter des Chefkochs im Studentenwohnheim in Prasanthi Nilayam. Swami erkannte sie, ließ den Wagen anhalten, segnete sie und sagte: **„Dein Sohn Mahalingam ist glücklich in Prasanthi Nilayam!"**

Er gab ihr auch etwas Geld. Bevor Swami Alike verließ, besuchte er noch das „Madiyal"-Haus, das etwa fünf Kilometer von Sathya Sai Vihar entfernt lag. Es war Annas Geburtshaus. Swami betrat das Haus und enthüllte eine marmorne Gedenktafel, auf der geschrieben stand: „Sri Sathya Sai Mandir". Für Annas Mutter war es ein Tag der Erfüllung.

Von Alike aus fuhr Swami nach dem etwa 24 Kilometer entfernt gelegenen Puttur, wo Tausende von Devotees ihn erwarteten. Dort weihte er den neuen *Mandir* ein und befriedigte die Sehnsucht der Devotees nach *Darshan*. Dann fuhr er weiter in das etwa 48 Kilometer entfernte Chokkadi. Ohne sich groß um die staubige Straße und die Hitze zu kümmern, erfüllte Swami das Sehnen zahlloser Devotee-Herzen und legte den Grundstein für einen *Mandir*. Er besuchte auch die von Devotees gegründete höhere Schule. Auf dem *Mandir*-Gelände materialisierte er eine Kupferplatte mit einer heiligen Inschrift. Heute beherbergt dieses Gelände einen wunderschönen Schulkomplex; die Schule wird nach den Idealen Shrī Sathya Sais geleitet. Der verstorbene Shrī Kote Parameswarayya war der unermüdliche Sai-Bote und der führende Geist hinter der guten Arbeit, die dort geleistet wird. Er säte auch die Samen der Hingabe zu Swami in vielen sehnsuchtsvollen Herzen im Dakshina-Kannada-Bezirk und über dessen Grenzen hinaus. Die Sai-Mission war seine große Passion. Für ihn war der Tag, an dem Swami sein Dorf Chokkadi besuchte, ein Tag großer Freude.

Dann musste Swami die lange Reise von Chokkadi nach Mangalore antreten. Die Sonne war schon im Persischen Golf verschwunden, als Swami Mangalore erreichte. In Mangalore besuchte er sechs Devotees in ihren Wohnhäusern und beglückte sie mit der unschätzbaren Gelegenheit, Gott bewirten zu dürfen. Die Häuser der Devotees lagen alle in verschiedenen Stadtteilen. Doch nach der Besuchsrunde war Swamis Tagespensum immer noch nicht erledigt. Er musste noch viele Tausende von Devotees zufrieden stellen, bevor der Tag für ihn zu Ende war.

Von Mangalore aus fuhr Swami ins 64 Kilometer entfernt gelegene Manipal. Unterwegs, in der Stadt Moolky, sangen die Devotees am

Straßenrand Bhajans; Swami stieg aus und segnete sie, indem er *Ārati* entgegennahm.

In Udupi erwarteten ihn Hunderte von Devotees im Sri Sathya Sai Mandir. Er erfüllte ihre Sehnsucht nach *Darshan* und erreichte Manipal kurz vor Mitternacht.

Swami im Udupi-Mandir

Tausende von Menschen hatten sich auf dem Gelände der Oberschule versammelt und warteten schon seit vielen Stunden. Swami enttäuschte sie nicht. Wir erlebten, wie Swami – nach Mitternacht! – die sehnsuchtsvollen Devotees durch eine Rede in seinem wunderschönen Kannada segnete. Es war ein Geschenk reiner und selbstloser Liebe.

Danach fuhr Swami zum Haus von Shrī T.A. Pai in Manipal zum Abendessen, und um sich auszuruhen; er sah frisch aus wie eine aufgeblühte Rose; aber wir, die wir ihm gefolgt waren, waren müde und überanstrengt! Swami sagt, dass es die Energie selbstloser Liebe ist, die ihn frisch und energiegeladen hält. Als er sich endlich zurückzog, war es schon weit nach ein Uhr morgens!

Am nächsten Morgen flog Swami von Mangalore nach Bangalore. Während er in Mangalore auf dem Flughafen wartete, segnete er viele Devotees, die sich dort versammelt hatten. Einige von ihnen bekamen sogar ein persönliches Interview. Der beliebte Kannada-Schauspieler Shrī Rajkumar war einer von ihnen. Bevor Swami das Flugzeug bestieg, fragten Journalisten ihn: „Swami, wann wirst du wieder hierher kommen?“

Swami antwortete: **„Ich bin *Bhakta-Paradhīna*! Ich werde kommen, wann immer sie mich rufen!“**

Als das Flugzeug abhob, hatten die meisten Tränen in den Augen.

13. Die prachtvolle Villa von „PremaYoga“

In jenen Tagen fuhr Swami fast jedes Jahr im Mai nach Bombay, um den Jubiläumsfeierlichkeiten des *Dharmakshetra* beizuwohnen. Einmal, als Swami nach den Feierlichkeiten wieder nach Brindavan zurückkehren wollte, baten die Veranstalter ihn, er möge doch bitte einen Tag länger bleiben. Swami erklärte ihnen, dass er ihren Wunsch nicht erfüllen könne, da er zeitig wieder in Brindavan sein müsse, um den Sommerkurs über indische Kultur und Spiritualität für die Studenten vorzubereiten. (Damals waren über tausend Studenten – Jungen wie Mädchen – aus verschiedenen Universitäten des Landes für die Teilnahme am Sommerkurs ausgewählt worden; der Kurs dauerte einen Monat. Heute nehmen nur Studenten der Sri Sathya Sai Universitäten am Kursus teil, und er dauert auch nicht mehr einen ganzen Monat. In früheren Jahren erforderte der Sommerkurs sehr viele Vorbereitungsarbeiten hinsichtlich Unterkunft, Verpflegung und Einführung der Teilnehmer.) Ein Veranstalter fragte: „Swami, was musst DU vorbereiten? Du kannst doch im Handumdrehen alles tun, was du willst!“

Swami antwortete: **„Ja, für euch – ihr habt Sai. Ihr betet zu ihm und er erledigt die Arbeit für euch. Aber wen kann ich rufen? Ich hab keinen Sai. Ich bin *anatha*!“**

Diese Feststellung wirft ein erklärendes Licht auf die Arbeitsweise des *Avatars*. Er benutzt seine unermesslichen Kräfte nicht dazu, seine eigene Arbeit zu erledigen. Was die praktischen Belange angeht, lebt und arbeitet er wie ein Mensch. Er ist ein Vorbild für die Menschheit, dem sie nacheifern sollte. Auf völlig selbstlose Weise nutzt er alle seine Kräfte nur zum Wohl der anderen. Reine, selbstlose und unendliche Liebe sind seine Kennzeichen. Der Weg des Avatars ist der Weg wahrer Liebe oder *Premayoga*. Nein, sein Leben selbst ist *Premayoga*!

Shrī Aurobindo sagte: „Eine göttliche Inkarnation ist ein duales Phänomen von Gott und Mensch. Gott nimmt eine menschliche Gestalt an mit all ihren äußerlichen Begrenzungen.“

Die göttliche Inkarnation arbeitet genauso intensiv wie alle Menschen, um die Menschheit zu erlösen.

Wie jeder spirituelle Führer, der eine Vorstellung von einer idealen Welt hat, in der die Menschen in Eintracht, Wohlstand und Frieden miteinander leben, hat auch Swami viele Organisationen und Institutionen ins Leben gerufen, um diese Vision zu verwirklichen. Seine Institutionen dienen zwei Zwecken: Als erstes sollen sie der Gesellschaft in ausgewählten Bereichen dienen und andere dazu ermuntern, ihrem Beispiel zu folgen. Es wäre falsch zu denken, dass die Institutionen, die der *Avatar* gegründet hat, genügen, die Bedürfnisse aller Menschen in dieser Welt zu befriedigen. Der zweite Zweck dieser Institutionen ist es, seinen Anhängern und den aufrichtig Suchenden, die sich nach Befreiung sehnen, Zuflucht zu bieten und sie auf dem Weg weiterzuführen, indem er ihnen die Möglichkeit gibt, selbstlosen Dienst zu leisten. Die Gelegenheit, in diesen vom *Avatar* geleiteten Institutionen und Organisationen dienen zu dürfen, ist eine wunderbare Gnade für die Aspiranten. Nur ungeheure Verdienste aus früheren Leben verleihen einem einen solchen Segen.

Als Swami einmal zu den Lehrern seines Colleges in Prasanthi Nilayam sprach, bat einer der Professoren ihn: „Swami, bitte lehre mich, wie ich auf dem spirituellen Weg weiterkommen und mein Ziel erreichen kann!"

Swami sagte: **„Kümmere dich gut um meine Jungen und mache edle und fähige Menschen aus ihnen. Das genügt; dann findest du Erfüllung im Leben! Du brauchst nichts anderes zu tun!"**

Swami hatte mir dasselbe gesagt, als er mir versicherte: **„Ich werde dich näher und näher heran zu mir holen und dir die Gelegenheit zu *Seva Bhagyam* geben!"**

Das größte Geschenk des *Avatars* an den Suchenden ist es, wenn dieser die Möglichkeit bekommt, ihm zu dienen.

Krishna Murthy war ein junger spiritueller Aspirant, der Lehrer in der Oberschule von Sathya Sai Vihar war. Er war durch Annas Idealismus und die hehren Ziele der Sai-Mission inspiriert worden und hatte beschlossen, sein ganzes Leben dem spirituellen Ziel und Dienst zu widmen. Mit Swamis Segen ernannte Anna ihn 1976 zum Schuldirektor der Schule in Muddenahalli. Das war kurz bevor Anna seine sterbliche Hülle verließ. Krishna Murthy leistete gute Arbeit und ging seinen spirituellen Übungen mit Begeisterung und Regelmäßigkeit nach. Anfang 1979 hatte er das Gefühl, er mache keine Fortschritte auf seinem spirituellen Weg; er schloss daraus, dass er etwas ändern müsse. Er sagte mir, er wolle in den Himalaya gehen, um sich dort ausschließlich seinen Buß- und spirituellen Übungen zu widmen. Er glaubte, dass die Arbeit und die Verantwortung in der Schule seinem spirituellen Fortschritt im Wege stünden! Ich erklärte ihm, dass seine Sicht der Dinge nicht korrekt sei und dass jede selbstlose Arbeit niemals dem eigenen spirituellen Fortschritt im Wege stünde, wenn sie mit der rechten Geisteshaltung, nämlich der Hingabe an Gott, geleistet würde. Aber ich konnte ihn nicht überzeugen. Deshalb schlug ich ihm vor: „Lass uns zu Swami fahren und ihn um Führung bitten!" Krishna Murthy war mit diesem Vorschlag einverstanden. Swami war zu der Zeit in Brindavan. Am nächsten Morgen fuhren wir nach Brindavan. Wir standen vor dem *Mandir*-Tor und warteten darauf, dass Swami herauskommen würde.

In jenen Tagen kam Swami normalerweise aus dem *Mandir* und ging dann hinüber zum „Sairam Shed" unter einem großen Baum und gab den Devotees *Darshan*. Als Swami an diesem Tag aus dem *Mandir* kam und auf das Tor zuging, wurde Krishna Murthy ein wenig nervös und bat mich: „Bruder, bitte, erzähle du Swami von meinem Dilemma!"

„Es ist dein Problem; du musst es ihm schon selbst sagen. Ich weiß, dass Swami keine Mittelsmänner zwischen sich und seinem Devotee mag. Er hat eine besondere persönliche Beziehung zu jedem seiner Devotees!", sagte ich.

Wir standen beide mit gefalteten Händen da, voll Ehrerbietung vor Swami. Krishna Murthy war klein und ich war groß, und wann immer Swami uns zusammen sah, machte er auf unsere Kosten einen Scherz! Das war seine Art, seine Liebe mit uns zu teilen. Swami kam zu uns und fragte: **„Oh! Ihr seid beide gekommen! ... Was ist los?"**

Wir verbeugten uns und legten den Kopf auf seine Lotosfüße und blieben dann vor ihm knien. Bevor wir überhaupt irgendetwas sagen konnten, sagte er mit einem Blick auf Krishna Murthy: **„Du willst in den Himalaya reisen!"**

„Ja, Swami!", antwortete Krishna Murthy mit leiser Stimme. Ich merkte, dass er nervös war. Swami lächelte, zeigte auf seine Füße und sagte: **„Sieh, was ist das?"**

Wir schauten beide hinunter und sahen einen Faden von seinem Kleid auf seinem rechten Fuß liegen.

„Swami, das ist ein Faden!", sagte Krishna Murthy. Er fragte sich, was Swami ihm mitteilen wollte.

„Schau nach draußen, was siehst du da?", fragte Swami Krishna Murthy und zeigte auf die unter dem Baum versammelten Devotees.

„Swami, das sind Devotees!“, sagte Krishna Murthy. Ich fand, die Situation wurde immer seltsamer und Krishna Murthy wurde immer nervöser.

„Wie viele sind es?“, fragte Swami.

„Swami, es sind Tausende!“

„Wenn einer von ihnen diesen Faden bekommt, wird er vor Freude tanzen, nicht wahr?“, fragte Swami.

„Ja, Swami!“, Krishna Murthy klang ratlos.

Swami sah ihn an und fuhr fort: **„Swami hat dir die Gelegenheit gegeben, ihm zu dienen und du willst diese Gelegenheit einfach fortwerfen und in den Himalaya gehen!“**

Langsam dämmerte es in Krishna Murthys Bewusstsein. Er schwieg, weil er nicht wusste, was er sagen sollte.

Swami fragte ihn: **„Warum willst du in den Himalaya gehen?“**

„Um mich Bußübungen zu widmen!“

„Was ist das Ziel aller Bußübungen?“, forschte Swami.

„Swami zu erreichen!“

„Swami ist hier und du willst dorthin gehen! Du hast dir die Gunst, Swami zu dienen, durch viele Leben voller Bußübungen verdient. Vergeude diese Gelegenheit nicht, du wirst es später bereuen. Erledige die dir auferlegten Pflichten mit Hingabe. Du wirst alles erreichen; zweifle nicht daran!“

Swami sprach mit mütterlicher Besorgnis und der Weisheit des Meisters.

Krishna Murthy erkannte seinen Fehler und fing an zu schluchzen. Er fiel Swami zu Füßen und sagte: „Ja, Swami, ich werde deinem Befehl gehorchen!“

Swami materialisierte *Vibhuti* für Krishna Murthy und ließ sie in seine ausgestreckten Hände rieseln. Für mich war diese rieselnde *Vibhuti* wie das Fließen göttlicher Liebe und göttlichen Mitgefühls für einen ernsthaften *Sādhaka*!

Für diejenigen, die mit der Gelegenheit gesegnet wurden, in Swamis Mission zu dienen, ist der Weg der ihres Meisters – *Premayoga*. Arbeit, mit Liebe zu Swami und für seine Mitmenschen geleistet, wird zu Gottesverehrung und führt zu Weisheit. *Karma*, mit Hingabe und Liebe getan, führt zu *Jnāna*. Das ist der alte Weg des *Karmayoga*, so wie *Krishna* ihn in der *Bhagavadgita* verkündete. Das ist der Weg von *Premayoga*, den Sai *Krishna* für uns in dieser modernen Welt festgelegt hat.

Vertrauen ist die Basis für dieses „Haus der Liebe“ und Selbstaufgabe ist das Dach. Wenn wir uns Swami hingeben, wird er sich um all unsere Bedürfnisse kümmern, um die physischen und die spirituellen sowie um unsere Pflichten. Und er wird uns höchste Erfüllung gewähren.

„Denen, die ihr Vertrauen in mich setzen und mir ihre Lasten übergeben, gebe ich sowohl ‚Anna‘ (Nahrung für den Körper) als auch ‚Amrita‘ (spirituelles Erwachen)!“, erklärte Swami.

Hier sind die Erfahrungen eines spirituellen Aspiranten in Sathya Sai Vihar. Bevor dieser Aspirant Swami begegnete, war Shrī Lalitā – die Mutter des Universums – seine Lieblingsgöttin. Er rezitierte jeden Tag ihre tausend Namen. Als sich der folgende Vorfall ereignete, studierte er gerade die *Upanishaden* und dachte tief über die Bedeutung und das Geheimnis des Lebens nach. Eines Nachts betete er zu Swami bevor er zu Bett ging: „Herr, lasse dein göttliches Licht auf meinen Weg fallen und gewähre mir einen kurzen Einblick in die Wahrheit über das Geheimnis des Lebens.“ Swami beantwortete sein Gebet in derselben Nacht in einem Traum. Er sah Swamis bezaubernde Gestalt vor sich stehen. Swami lächelte entzückend. Während sein Lächeln langsam zu lautem Gelächter wurde, veränderte sich seine Gestalt. Schließlich stand Shrī Lalitā, die Mutter des Universums, vor ihm. Die Gestalt der Mutter wuchs zusehends, bis ihre kosmische Form die Kluft zwischen Himmel und Erde überbrückte.

Er sah Tausende von Kindern im kosmischen Körper der Mutter spielen. Die Kinder waren alle unterschiedlich gekleidet – sie trugen die Kleidung von Geschäftsleuten, Beamten, Ärzten, Ingenieuren, Wissenschaftlern, Lehrern, Tischlern, Maurern, Mechanikern und anderen Berufen. Einige Kinder trugen die ockerfarbene Kleidung von *Sādhus* und *Samnyāsins*! Alle waren sie in ihre Lieblingsspiele vertieft! Es war ein aufregender und faszinierender Anblick, so viele Kinder munter spielen zu sehen, ohne dass sie sich der Mutter, in deren kosmischem Körper sie spielten, bewusst waren!

Dann hörte er die melodische Stimme der göttlichen Mutter: „Dies sind alles meine Kinder! Sie spielen und ich erfreue mich an ihrem Spiel. In Wirklichkeit ist es mein Spiel. Sie sind alle meine kleinen Lieblinge. Wenn eines von ihnen müde wird vom Spiel, dann weint es, weil es sich ausruhen möchte und ich hole es zu mir zurück. Es findet ewigen Frieden in meinem Herzen. Ich und meine Kinder sind eins!“

Dann verschwand die Mutter und an ihrer Stelle stand Swami und hatte segnend die Hand erhoben. Das war das Ende dieses himmlischen Traums. Als er aufwachte, war sein Herz erfüllt von Licht und Glückseligkeit. Er dachte an einen der tausend Namen der göttlichen Mutter – „Janma mrityu jaratapta jana vishranti dayini" (die, die jenen Ruhe gewährt, die des Spiels von Geburt, Tod und Alterns müde sind). Diese Erfahrung wurde zu einem wichtigen Meilenstein für seinen spirituellen Fortschritt.

Die göttliche Mutter

14. Die erlösende Kraft der Sai-Gnade

Swami sagt: **„Die Basis für das Wohlergehen der Gesellschaft ist der Charakter eines jeden und die Basis für den persönlichen Charakter ist die spirituelle Transformation.“**

Diejenigen, die in der Mission des Avatars mitarbeiten, finden nicht nur ihre eigene Befreiung (moksha), sondern sie werden auch zu Instrumenten, die die Gesellschaft verändern. Die vom Avatar geschaffenen Institutionen werden zu Zentren der Inspiration, die den Menschen in der Gesellschaft helfen, bessere Menschen zu werden. Sathya Sai Vihar und Sathya Sai Grama wurden zu solchen Zentren, die die Gesellschaft verändern. Selbstverständlich waren sich die Lehrer und anderen Mitarbeiter in diesen Zentren immer des goldenen Prinzips der Transformation bewusst: „Unsere Aufgabe ist es, zu beten und selbstlosen Dienst zu leisten; die Transformation selbst ist Gottes Aufgabe!“

Hier ist eine Begebenheit, die verdeutlicht, welche Macht Gebet und selbstloser Dienst haben. In der Schule von Sathya Sai Grama gab es mehr als 100 Tagesschüler und vierhundert Internatsschüler. Den Tagesschülern, die aus Chikballapur und den Nachbardörfern kamen, wurde viel Beachtung geschenkt, und wir unterstützten sie besonders, weil wir wollten, dass sie zu kleinen Sai-Boten in ihren Familien und Wohnorten wurden. Die Lehrer besuchten oft die Familien der Tagesschüler und sprachen mit den Eltern.

Ashok war ein Tagesschüler aus Chikballapur. (Die Namen der Schüler und Eltern wurden geändert, um ihre Identität zu schützen). Er war damals in der neunten Klasse. Bis zur siebten Klasse hatte er die Schule in Chikballapur besucht und kam dann ab der achten Klasse in unsere Oberschule. Er war ein glänzender Schüler und nahm begeistert an allen Aktivitäten teil. Er war gewöhnlich ein sehr fröhlicher Junge. Eines Tages aber fand ich ihn mit verdrießlichem Gesicht in der Klasse sitzen. Ich versuchte vergeblich, den Grund für seine Verdrießlichkeit herauszufinden. Auch die anderen Lehrer fanden ihn deutlich verändert.

Ihnen war seine schwindende Begeisterung und sein fehlendes Interesse am Unterricht aufgefallen. Er hatte offensichtlich ein Problem. Nach einiger Zeit war auch sein natürliches Lächeln verschwunden.

Ich kannte seine Mutter, Sahana, die Lehrerin in der Grundschule in Chikballapur war. Sie war auch eine *Bālvikās*-Lehrerin im *Sri Sathya Sai Seva Samiti* der Stadt. Noch bevor Ashok in unsere Schule kam, hatte ich sie einige Male im *Mandir* in der Stadt getroffen. Sein Vater, Madhu Karna, war Bauingenieur und arbeitete für die Regierung von Karnataka; er hatte Sathya Sai Grama nie besucht. Ashoks Mutter hatte ihren Sohn in unsere Schule gebracht. Die Eltern der Schüler waren verpflichtet, mindestens einmal alle drei Monate den Schuldirektor aufzusuchen und mit ihm über die Fortschritte ihrer Kinder zu sprechen.

Zentralschule in Sathya Sai Grama

Es war immer Ashoks Mutter, die zum Schuldirektor kam. Wenn sie nach Sathya Sai Grama kam, stattete sie auch mir einen Besuch ab. Ein- oder zweimal erkundigte ich mich nach dem Vater des Jungen. Sie sagte, dass ihr Mann nicht kommen könne, da er in Bangalore arbeitete und täglich zwischen Chikballapur und Bangalore pendelte (Chikpallapur-Bangalore, etwa 50 km). Ich dachte, dass der Grund für die negative Veränderung in Ashoks Verhalten auf ein häusliches Problem zurückzuführen sei.

An einem Freitagabend machte ich mich, gemeinsam mit Ashoks Klassenlehrer, auf den Weg zu Ashoks Heim. Es war der dritte Tag des Monats. Als wir das bescheidene Haus betraten, sahen wir ein großes Bild von Swami in der Eingangshalle; es war ein *Abhayahasta*-Foto.

Sahana war angenehm überrascht über unseren Besuch. Sie las Ashok und seinen beiden jüngeren Geschwistern gerade aus dem *Ramayana* vor. Die beiden jüngeren Kinder gingen in die Grundschule, wo sie Lehrerin war. Ashok schien unser Erscheinen zu ängstigen. Keines der Kinder strahlte Freude aus. Die ganze Atmosphäre war bedrückend. Nur die Mutter brachte ein Lächeln zustande. Aber wir bemerkten eine unterschwellige Traurigkeit in ihrer Haltung. Madhu Karna war nicht zu Hause. Wir dachten, dass er noch nicht aus Bangalore zurückgekehrt sei. Wir übergaben die Süßigkeiten und Früchte, die wir für die Kinder mitgebracht hatten, und setzten uns; die Kinder gingen in einen Nebenraum. Sahana schloss die Tür zu diesem Raum; sie hatte den Grund für unser Kommen richtig erraten! Wir unterhielten uns eine Stunde lang mit ihr; wir berichteten ihr über Ashoks nachlassende Fröhlichkeit und als Folge davon, seine Schwierigkeiten beim Lernen. Zu Beginn rückte sie nur widerstrebend mit der Wahrheit heraus. Aber dann fasste sie Vertrauen zu uns und sagte: „Sie sind beide glühende Devotees von Swami. Die ganze Stadt weiß, dass Sie sich nur einem Ziel widmen, nämlich unglückliche Leute wie uns aufzumuntern. Für mich sind Sie wie meine Brüder. Ich bin überzeugt davon, dass Swami selbst Sie hierher geschickt hat, um meinen hilflosen Kindern und mir zu helfen. Ich werde nichts vor Ihnen verheimlichen!“

Dann erzählte Sahana uns ihre herzzerreißende Geschichte. Wir sahen in ihr das wahre Ideal einer indischen Frau. Ihre Geschichte war die Geschichte vieler Tausender von unglückseligen indischen Familien, wo die Frau kraft ihrer Treue und durch selbstloses Dienen eine einsame Schlacht führt, um die Familienehre aufrechtzuerhalten und ihre Kinder vor einer Tragödie zu bewahren, wenn der Familienvater vom Weg abgekommen ist und ein völlig selbstsüchtiges und abscheuliches Benehmen an den Tag legt. In vielen solchen Fällen ist das vollkommene Vertrauen der Frau in Gott, der erklärt hat, dass er die Kraft der Hilflosen ist, die einzige Rettung. Sahanas Mann, Madhu Karna, war auf Abwege geraten. Er war schon seit vielen Jahren der ruinösen Trunksucht verfallen und seit kurzem zu einem hilflosen Sklaven seiner Sucht geworden. Hinzu kam noch, dass er spielte und bei Pferderennen sein

Geld verwettete. Folglich kam er in der ersten Woche des Monats niemals nach Hause. Erst wenn er sein ganzes Gehalt, das er zu Monatsbeginn erhielt, verschleudert hatte, kam er ohne einen Pfennig nach Hause. Für Sahana und die Kinder wurde dann jeder Tag zur Qual. Sahana bemühte sich, mit ihrem geringen Gehalt zurechtzukommen. Wenn sie den immer wachsenden Forderungen ihres Mannes um mehr Geld nicht nachkam, schlug er sie rücksichtslos. Die Kinder, die hilflose Zeugen solch grässlicher Szenen waren, litten sehr. Manchmal wurden auch sie Opfer der besinnungslosen Grausamkeiten ihres Vaters. Madhu Karna war nicht in der Lage, irgendjemandes Rat anzunehmen. Seine Freunde und Verwandten wandten sich frustriert von ihm ab und wollten nichts mehr mit ihm zu tun haben. Aber Sahana konnte das nicht. Ihre Eltern trösteten und ermutigten sie zwar, ihren tapferen Kampf gegen das Schicksal weiterzuführen, aber sie waren nicht reich genug, um sie ausreichend unterstützen zu können. Sie fühlten sich völlig hilflos.

Sahanas Selbstachtung erlaubte es ihr nicht, finanzielle Hilfe anzunehmen, auch dann nicht, wenn sie ihr angeboten wurde. Madhu Karna ging nicht mehr regelmäßig zum Dienst, und wurde deshalb von seinem Dienstherrn verwarnt. Sie hatten sogar Sahana ins Büro gerufen und ihr erklärt, dass sie nicht weiterhin die endlosen Torheiten ihres Ehemannes hinnehmen könnten. Aber was konnte sie tun? Ihr einziger Trost war ihr unerschütterliches Vertrauen in Swami. Sie bat ihn unaufhörlich, ihr zu helfen. Nachts verbrachte sie viele Stunden hilflos weinend vor Swamis Foto! Das war ihr eine enorme Hilfe und ermutigte sie, ihren einsamen Kampf ums Dasein, in welchem sie durch die Grausamkeiten und Launen ihres Ehemannes wie in einem führerlosen Boot auf offener See trieb, weiterzuführen. Manchmal dachte sie sogar daran, ihrem Leben ein Ende zu bereiten. Aber durch ihre mütterliche Sorge um die Zukunft ihrer Kinder erstickte sie diesen Gedanken. Sie schloss mit der Feststellung, dass ihr Mann in seinem Herzen ein guter Mensch sei und deshalb Swamis Gnade verdiente!

Als wir Sahanas Leidensgeschichte gehört hatten, waren wir, ohne uns dessen bewusst zu sein, zu Tränen gerührt. Unser Vertrauen in das Edle unserer altehrwürdigen Kultur wurde bestätigt. In unserem Mutterland waren bedeutende und edle Frauen wie Sītā, Savitrī, Candramatī und Damayantī geboren worden. Stolz und Ergriffenheit kämpften um die Vorherrschaft in meinem Herzen. Es schien seltsam, aber so war es. Als wir Sahana finanzielle Unterstützung für die Ausbildung ihrer Kinder anboten, lehnte sie höflich ab: „Bitte, beten Sie zu Swami für uns. Das wird meinen Kindern und meinem Ehemann sicherlich helfen. Gott wird die Gebete von so selbstlosen und reinen Seelen, wie Sie es sind, erhören!"

Wir fühlten uns in der Tat rein und selbstlos, als wir so in den Wassern des himmlischen Ganges unseres nationalen Ideals von Weiblichkeit gebadet wurden. Unsere Herzen beteten spontan ein inniges Gebet für Sahana und ihre Familie. Als wir aufbrachen, bat Sahana: „Würden Sie bitte meinen Ehemann besuchen? Vielleicht tut ihm das gut."

In Wirklichkeit war das auch der Gedanke, der mir durch den Kopf ging. Ich sagte: „Ja, gewiss. Wir kommen wieder, wenn er zu Hause ist!"

Auf dem Rückweg nach Sathya Sai Grama schwiegen wir, aus Angst, wir könnten das heilige Gefühl verlieren, das unser Wesen durchflutete.

Als Ashok am nächsten Morgen zur Schule kam, brachte er einen Brief von seiner Mutter. Sie bedankte sich für unseren Besuch in ihrem Heim. Zum Schluss schrieb sie: „Swami erschien mir gestern Nacht im Traum und versicherte mir, dass im Laufe der Zeit alles in Ordnung kommen wird. Ich bin Ihnen für Ihre Gebete dankbar."

Speisesaal in Sathya Sai Grama

Nach vierzehn Tagen kam Madhu Karna zum ersten Mal nach Sathya Sai Grama. Er war gekommen, um uns zu sich nach Hause einzuladen. Er war ein großer, hellhäutiger Mann, der abgehärmt aussah. Als er mich sah, rief er voller Freude: „Murthy, erkennst du mich nicht? Wie kannst du mich vergessen haben? Ich war der Torhüter in unserem Kricket-Team!"

Zuerst dachte ich, der Mann sei betrunken. Aber als ich an meine Schulzeit dachte, als ich im Schul-Kricket-Team von Chikballapur mitspielt hatte, fiel mir auch mein Klassenkamerad und Nachbar wieder ein, der damals Torhüter war. Er hieß Madhu Karna! Er war ein sehr charmanter und gutaussehender Junge in jenen Schultagen. Ich dachte: „Was ist mit ihm geschehen?" Die Tyrannei schlechter Angewohnheiten über viele Jahre hinweg hatte seinem Körper und seinem guten Aussehen übel mitgespielt. Als er meine Anzeichen des Erkennens sah, sprang er hoch, ergriff meine Hand und schüttelte sie heftig!

Wir machten einen Spaziergang im Kokosgarten und tauschten süße Erinnerungen an lebhafte Jugendtage aus. Auf dem Rückweg konnte er nicht mehr an sich halten und beichtete mir seine Torheiten und Schwächen. Er flehte mich an, ihm zu helfen, seine schlechten Angewohnheiten zu überwinden, die seine Karriere und seine Familie ruinierten. Ich war erfreut über seine Bitte; aber er warnte mich: „Murthy, glaub nicht, das sei einfach! Viele haben versucht, mich zu ändern und sind gescheitert. Selbst jetzt bin ich betrunken! ... Das Einzige, woran ich Freude finde, sind Glücksspiele und Pferdetoto. Ich hab nicht genug Geld ..., sonst wäre ich allein durch Glücksspiele und Pferdewetten Millionär geworden! Aber nun bin ich am Ende. Niemand achtet mich; sogar meine Frau und meine Kinder gehen mir aus dem Weg."

Er hielt meine Hände und weinte wie ein Kind. Ich spürte, dass seine Frau Recht hatte, wenn sie vom Guten in ihm überzeugt war. Eine Welle des Mitgefühls erfüllte mich und ein spontanes Gebet kam aus meinem Herzen, er möge von seinen schlechten Angewohnheiten, die ihn quälten, befreit werden.

Sahana war glücklich, als sie erfuhr, dass Madhu Karna und ich Jugendfreunde waren. Aber so wie er es bei unserem ersten Treffen vorausgesagt hatte, war die Abwendung von seinen Unzulänglichkeiten nicht einfach. Auf seinen Wunsch hin besuchte ich ihn am nächsten Sonntag zu Hause. Selbst da war er betrunken. Sahana schämte sich sehr für ihren Mann. Am nächsten Tag kam sie in die Schule und bat mich, ich möge das beschämende Verhalten ihres Mannes entschuldigen. Ich versicherte ihr, dass es ebenso meine Verantwortung sei, ihren Mann zu bessern wie die ihre. Wir beteten weiter. Madhu Karna kam oft nach Sathya Sai Grama, um in meinen freundlichen Worten des Mitgefühls Trost zu suchen. Ich beriet ihn, so gut ich konnte. Aber alle Ratschläge erwiesen sich als vergeblich. Doch ein positives Ergebnis hatten seine Besuche in Sathya Sai Grama: Er entwickelte ein gewisses Vertrauen in Swami. Zwei Jahre gingen vorüber, aber sein Zustand änderte sich nicht.

Manchmal kam er nach Sathya Sai Grama und bat mich um Geld. Ich wusste, dass er das Geld für Alkohol ausgeben würde, und so gab ich ihm keines. Er kam dann nicht mehr nach Sathya Sai Grama. Für seine Frau und die Kinder wurde das Leben immer schwieriger. Es vergingen sechs Monate, ohne dass Madhu Karna und ich uns trafen. Auch Sahana kam während dieser Monate nicht nach Sathya Sai Grama. Ashok hatte unsere Schule inzwischen verlassen und besuchte nun das College in Chikballapur. Immer wenn ich während meines umfangreichen Arbeitspensums an die Familie und insbesondere an die Kinder und ihre Mutter dachte, wurde ich sehr traurig und betete für sie.

Eines schönen Morgens erschien Sahana in Sathya Sai Grama. Sie sah bleich und schwach aus. Ihr Mann hatte Lungentuberkulose. Weil er seine Gesundheit ständig vernachlässigte hatte, hatte die Krankheit ein aussichtsloses Stadium erreicht. Er wurde in das Landessanatorium für Tuberkulose-Patienten eingewiesen. Trotz aller medizinischen Betreuung und Behandlung verschlimmerte sich seine Situation von Tag zu Tag. Für Sahana und ihre Kinder war es sehr schwierig, ihn dort zu betreuen.[8] Laut Sahana ging es mit ihrem Mann zu Ende, dennoch hatte sie die Hoffnung nicht völlig aufgegeben, dass Swami ihn, und dadurch ihre Familie, retten könnte. Madhu Karna war sehr depressiv, als er sein Ende nahen fühlte. Er sang die meiste Zeit Swamis Namen. Manchmal schlief er und hielt Swamis Foto an die Brust gedrückt. Oft weinte er und bat seine Frau, ihm all seine Torheiten zu vergeben. Manchmal bat er sogar seinen Sohn Ashok, er möge ihm vergeben. Sahana sagte, ihr Mann bereue wirklich sein bisheriges Verhalten. Sie war mit einer Bitte von Madhu Karna nach Sathya Sai Grama gekommen: Er wollte mich sehen, bevor er starb! Ich war zutiefst berührt von ihrer tragischen Lage und auch von Sahanas unerschütterlichem Vertrauen in Swami.

---

[8] In den meisten Krankenhäusern in Indien muss sich die Familie um den Kranken kümmern, weil es an Pflegepersonal mangelt.

Am nächsten Abend besuchte ich Madhu Karna im Sanatorium. Es war schon sieben Uhr und alles war nur spärlich beleuchtet. Die Atmosphäre war bedrückend und deprimierend. Als ich Madhu Karnas Zimmer betrat, war Sahana gerade dabei, den schmuddeligen Raum zu putzen. Madhu Karna lag mit geschlossenen Augen auf dem Bett und hörte auf einem Kassettenrecorder einen Bhajan, den Swami selbst sang. Ich betrachtete seinen Körper; er war fast nur noch die Hälfte dessen, was er einmal gewesen war. Sein Gesicht war von einem ergrauenden Bart bedeckt. Die Augen lagen tief in den Höhlen. Gelinde gesagt war sein Anblick Mitleid erregend. Sahana sagte ihm, dass ich gekommen sei, um ihn zu besuchen. Er öffnete sofort die Augen und versuchte, sich aufzurichten, was ihm nicht gelang. Sahana und ich sagten ihm, er solle liegen bleiben und sich nicht anstrengen. Er sagte laut: „Sai Ram" und begann zu schluchzen. Er suchte nach meinen Händen und ergriff sie fest. Einige Minuten vergingen in Schweigen. Sahana wischte ihre Tränen fort. Madhu Karna sprach mit schwacher Stimme: „Murthy, ich will nicht sterben! ...Wenn Swami mir eine Chance gibt, werde ich ein gutes Leben führen. Ich werde alle meine Vergehen wieder gutmachen … Nur Swami kann mich retten!"

„Er kann dich sicher retten; nur er kann dich retten! Ich bete, er möge dich und deine Familie retten!", sagte ich, während mir Tränen in die Augen traten. Ich bemühte mich, meine Gefühlsregungen zu beherrschen.

„Murthy, bitte gib mir etwas, das Swami dir gegeben hat … Ich habe das Gefühl, das wird meinen Körper und mein Leben wiederbeleben … Ich verspreche dir, dass ich all meine schlechten Angewohnheiten aufgebe, wenn ich aus dem Krankenhaus entlassen werde. Und ich werde Swamis wahrer Devotee … Ich werde mich deiner Freundschaft würdig erweisen!" Dann legte Madhu Karna seine rechte Hand auf meine.

Ich löste meine Hand aus seinem Griff, langte in meine Hemdtasche und holte eine Silbermünze mit Swamis Bildnis hervor; Swami hatte sie mir vor einiger Zeit gegeben. Ich hatte sie mit nach Bangalore genommen, weil ich eine Öse daran machen lassen wollte, damit ich sie an einer Kette um den Hals tragen konnte. Aber an diesem Tag hatte ich keine Zeit gehabt, zum Juwelier zu gehen. Ich legte die Silbermünze in seine Hand und betete inniglich zu Swami, er möge sein Leben und seine Familie retten. Sofort wurde ich von einem intensiven Frieden durchdrungen. Ich sagte zu Madhu Karna: „Dein Vertrauen in Swami ist stark genug, um dich zu heilen! Aber du solltest Swami auch bitten, er möge dir die geistige Kraft geben, die du brauchst, um dein Versprechen zu halten. Ich bin sicher, Swami wird die Gebete deiner Frau beantworten. Ich hoffe, du wirst das Krankenhaus bald verlassen können!"

Sein Gesicht hellte sich auf und er sagte: „Wenn deine Worte wahr werden, werde ich mich Sahanas würdig erweisen!"

Er sah sie an. Sie faltete die Hände, schloss die Augen und betete. Während der Rückfahrt nach Sathya Sai Grama betete ich für die Errettung von Madhu Karna und seiner Familie.

Dank Swamis göttlicher Gnade konnte Madhu Karna innerhalb eines Monats aus dem Krankenhaus entlassen werden. In den folgenden Monaten wurde er völlig geheilt. Swami gab ihm auch die geistige Kraft, sein Versprechen einzuhalten. Um es mit Madhu Karnas Worten zu sagen: Er wurde es wert, einen Engel wie Sahana zum Lebenspartner zu haben. Heute sind sie eine glückliche und wohlhabende Familie und führen ein Leben voller Dankbarkeit zu Swami. Ashok wurde Arzt und hat eine Ärztin geheiratet. Sein Bruder ist Software-Ingenieur und die Schwester bekam, nachdem sie ihr Examen mit Auszeichnung bestanden hatte, einen Posten als Dozentin an einer technischen Hochschule der Regierung. Madhu Karna ist pensioniert und erfreut sich bester Gesundheit. Sahana arbeitet weiter als Grundschullehrerin in einem entlegenen Dorf.

Die Geschichte dieser Familie ist nur eine von Hunderten solcher Transformationen in aller Welt, die die erlösende Kraft von Swamis göttlicher Gnade beweisen. Sais Gnade ist das Erlösungslied der heutigen Welt!

15. Drei Besuche des kosmischen Besuchers

Nach seinem Besuch im Dakshina-Kannada-Bezirk in der letzten Januarwoche 1979 blieb Swami den Februar über in Brindavan. In Alike hatte Swami mir gesagt, dass er auf dem Rückweg von Brindavan nach Prasanthi Nilayam Sathya Sai Grama einen Besuch abstatten werde. Bis zu Swamis Abreise fuhren wir fast jede Woche nach Brindavan, um Swami nach Sathya Sai Grama einzuladen. In der ersten Märzwoche war ich mit drei Lehrerkollegen von Sathya Sai Grama nach Brindavan gefahren. Wir standen nachmittags am Eingang zum *Mandir*, als Swami herauskam, um den im „Sairam Shed" versammelten Devotees *Darshan* zu geben. Er sah uns, begrüßte uns mit einem Lächeln und zeigte mit der Hand auf mich: **„Du bist ein ‚Nakshatraka'!"**

Seine Stimme klang gespielt ärgerlich. (Nakshatraka war ein berüchtigter Schüler des Weisen Vishvāmitra. Sein Lehrer hatte ihn beauftragt, die Schulden von König Harishcandra einzutreiben. Als der König sein Reich an den Weisen verloren hatte und die Hauptstadt verließ, folgte Nakshatraka dem König und seiner Familie auf Schritt und Tritt; er forderte immer wieder erbarmungslos von dem König die Schulden ein, die dieser bei dem Weisen zu begleichen hatte. Die Schwierigkeiten unter denen Harishcandra, seine Königin und sein Sohn litten, waren ihm gleichgültig. Nakashatraka ist bekannt dafür, dass er Harishcandra unerbittlich belästigte. Swami meinte also, dass ich ihn durch mein hartnäckiges Bitten um seinen Besuch in Sathya Sai Grama, den er versprochen hatte, belästigte! Ich wusste, dass es ein Scherz war, als er mich „Nakshatraka" nannte! Es war seine Art, mir seine Liebe zu zeigen.) Wir verbeugten uns zu seinen Lotosfüßen und standen auf. Swami ging weiter zum „Sairam Shed".

Als er den Devotees *Darshan* gegeben hatte und zum *Mandir* zurückkam, rief er mich und sagte: **„Ich fahre am Morgen des 10. zurück nach Prasanthi Nilayam. Auf dem Weg komme ich nach Muddenahalli und werde dort zu Mittag essen … Sprich heute Abend zu**

den Jungen im hiesigen Wohnheim. Sprich über das Leben der Hingabe zu Gott. Erzähl ihnen auch von unseren Institutionen in Alike und Muddenahalli … Warte hier; ich komme wieder. Wir gehen zusammen zum Wohnheim.“

Danach ging er in den *Mandir*. Die Aussicht auf Swamis Besuch in Muddenahalli ließ mein Herz vor Freude höher schlagen. Jedoch die Aufgabe, ohne vorherige Ankündigung vor den College-Studenten von Brindavan zu sprechen, machte mich ein wenig nervös. Ich betete zu Swami und sammelte meine Gedanken für die Ansprache. Rückblickend kann ich sagen, dass es Swamis Art und Weise war, mich auf die vor mir liegende Aufgabe vorzubereiten.

Nach etwa 20 Minuten kam Swami wieder heraus und bedeutete uns, ihm zu folgen. Er ging durch den Gang zwischen Wohnheim und *Kalyana Mantapam* und wir folgten ihm. Auch der Leiter des Studentenwohnheims und zwei Lehrer folgten Swami. Swami betrat das Wohnheim durch den Seiteneingang. Die Studenten und Lehrer sangen Bhajans, als wir den Gebetsraum betraten. Vor dem Altar stand ein wunderschöner Stuhl für Swami, aber Swami zog es vor, sich auf den Tisch zu setzen, der vor dem Stuhl stand. Wir setzten uns neben dem Tisch auf den Boden. Swami gab Zeichen, mit den Bhajans aufzuhören und bat mich zu sprechen. Zuvor aber stellte Swami mich den Studenten vor!

Er sprach in den höchsten Tönen über die *Tyāga Jīvis*, die diese ausgezeichneten Institutionen in Alike und Muddenahalli leiteten. Ich war von seiner Liebe und seinem Großmut überwältigt, und eine tiefe Dankbarkeit erfüllte mein Herz. Das gab mir die nötige Inspiration für meine Rede. Ich erzählte den Studenten, dass die Institutionen in Alike und Muddenahalli zwei wunderschöne Gärten seien, die der Gärtner der Gärtner – Swami selbst – angelegt hatte und pflegte. Swami sagte in seiner nachfolgenden Ansprache: **„Liebe ist das Höchste. Gott kann leicht durch Liebe gewonnen werden. Wohlstand und Gelehrsamkeit sind nutzlos.“**

Er erzählte Begebenheiten, die die glorreiche und reine Liebe der *Gopīs* und *Gopālas* von Brindavan beschrieben. Mit wohlklingender Stimme sang er Lieder über die innige Beziehung zwischen *Krishna* und den Bewohnern von Brindavan und Gokulam. Nach Swamis beglückender Rede aßen wir mit ihm und seinen Studenten im Wohnheim zu Abend. Es war ein wunderbarer und erinnerungswürdiger Abend für uns. Wir kehrten mit einem Herzen voll glückseliger und süßer Erinnerungen an diesen Abend nach Sathya Sai Grama zurück und waren auch voll freudiger Erwartung auf den göttlichen Besuch in Sathya Sai Grama.

Swami kam am 10. März 1979 um 9.45 Uhr in Sathya Sai Grama an. Er wurde von Dr. Bhagavantam und Col. Joga Rao aus Brindavan begleitet. Wir hatten, wie von Swami angeordnet, den göttlichen Besuch geheim gehalten. Swami wollte seine Zeit nur mit den Studenten und Lehrern von Sathya Sai Grama verbringen. Deshalb war sonst kaum jemand anwesend. Natürlich verbreitete sich die Nachricht von Swamis Ankunft, und so hatten sich zum Zeitpunkt von Swamis Weiterreise nach Prasanthi Nilayam einige Hundert Dorfbewohner aus der Umgebung wie auch Devotees aus Chikballapur auf dem Schulgelände eingefunden. Swami verbrachte fast sechs Stunden mit uns; es war eine wunderbare Zeit. Vor dem Mittagessen sprach Swami in der Gebetshalle zu den Studenten und Mitarbeitern. Hauptthema seiner Rede war die beständige und unerschütterliche Hingabe von Prahlāda. Nach dem Mittagessen erlaubte Swami den *Tyāga Jīvis*, sich im *Mandir* zu seinen Füßen zu versammeln. Er beantwortete fast zwei Stunden lang viele spirituelle Fragen der jungen Aspiranten. Hier folgt ein kleiner Ausschnitt aus dieser himmlischen Sitzung an diesem schönen Tag:

Frage: „Swami, wie können wir das Gemüt beherrschen?"

Antwort: **„Schenkt dem Gemüt nicht allzu viel Beachtung. Hier ist das Beispiel von der Beziehung zwischen einer Mutter und ihrem kleinen Kind: Das Kind spielt der Mutter manchmal Streiche, indem es gegen ihren Willen mal hierhin, mal dorthin läuft. Wenn die Mutter dem Kind zuviel Beachtung schenkt, weil sie glaubt, dass es in Gefahr geraten könnte, dann werden seine Streiche zunehmen und die Mutter wird noch mehr Probleme haben. Doch wenn die Mutter ihrem Kind nicht so viel Aufmerksamkeit schenkt, wird das Kind sie für eine Weile beobachten und dann zu ihr zurücklaufen. Das Gemüt ist zweifelsohne sehr mächtig und ungebärdig. Arjuna sagte zu *Krishna*: ‚Cancalam hi manah Krishna' – ‚O *Krishna*, das Gemüt ist flatterhaft und unbeständig' Das Gemüt ist wie eine schwarze Biene (Holzbiene) – sie ist zwar klein, aber sehr stark. Sie kann sich ihren Weg in das härteste Holz bohren und dort eindringen. Doch wenn sie in einen Lotos fliegt, verliert sie ihre Kraft, weil sie vom Honig in der Blume berauscht wird. Sie wird ohnmächtig und fällt in die Blume. Sie kann nicht aus dem Lotos herauskom-**

men. So geht es auch dem Gemüt, wenn es in die Betrachtung der Lotosfüße Gottes vertieft ist; es verliert seine ungebärdige Stärke und auch seine Unbeständigkeit.

Erledigt all eure Arbeiten mit Liebe zu Gott, dann wird das Gemüt automatisch seine Wankelmütigkeit verlieren. Das Gemüt an sich hat keine konkrete Form. Es verändert seine Form ständig. Es ist wie ein Fotoapparat, der die Form festhält, auf die man das Objektiv richtet. Auch das Gemüt nimmt die Form an, auf die es ausgerichtet ist. Wendet euer Gemüt nicht *Prakriti,* der Welt, zu. Auch wenn ihr in *Prakriti* lebt, solltet ihr dennoch lernen, das Gemüt nach innen zu richten."

Frage: „Swami, wie geht das?"

Antwort: **„Durch gewissenhaftes Üben könnt ihr alles erreichen. Selbst das ABC müsst ihr üben. Ob es nun ums Lesen, Sprechen, Laufen oder sogar Sitzen geht – alles muss geübt werden. Gewissenhaftigkeit und Geduld werden euch alles ermöglichen."**

Frage: „Was ist ein ‚Tyāga Jīvana', ein Leben der Opferbereitschaft?"

Antwort: **„Opferbereitschaft bedeutet nicht, dass man aufhört zu handeln, oder dass man seinen Wohlstand aufgibt. Wahre Opferbereitschaft ist das Aufgeben von Selbstsucht und Eigeninteresse. Ihr solltet eure Arbeit tun, ohne den Wunsch nach Belohnung und mit dem Gefühl, ein Instrument in Gottes Händen zu sein. ‚Tyāga Jīvana' bedeutet, alle Arbeiten mit diesem heiligen Gefühl zu verrichten.**

In der heutigen Welt mag es nicht möglich sein, ein Leben völliger Opferbereitschaft zu führen. Eure Nahrung und eure Tätigkeiten (āhāra und vihāra) verursachen euch vielleicht schlechte Gefühle wie Ärger, Eifersucht, Stolz und Hoffnungslosigkeit. Doch wir sollten unsere Aufgaben sachkundig erledigen und allmählich reine Gefühle entwickeln, ohne uns von Hindernissen abschrecken zu lassen. Es ist zum Beispiel nicht eure einzige Aufgabe, euch liebevoll um die Studenten zu kümmern; ihr solltet sie auch bestrafen, wenn sie Fehler begehen. Ohne Disziplin kann man keine Fortschritte machen und nicht glücklich sein. Ihr müsst die Studenten für ihre guten Taten belohnen und für die schlechten bestrafen. Beides solltet ihr im Interesse der Studenten tun. Genaugenommen bestraft nicht ihr sie, ihre eigenen falschen Handlungen führen die Strafe herbei.

Auch Gott straft niemanden. Er ist wie der Briefträger. Er händigt euch nur die Ergebnisse eurer Handlungen aus. Es sind eure Taten, die euch bestrafen oder belohnen.

Das Schlechte kann durch gute Gesellschaft in Gutes verwandelt werden. Ebenso kann schlechte Gesellschaft das Gute in Schlechtes verwandeln. Ein Beispiel: Eine Schlange wird normalerweise getötet, weil sie giftig ist. Wenn sie Shivas Körper schmückt, wird sie verehrt. Staub wirbelt hoch, wenn er mit Luft zusammenkommt; doch wenn er sich mit Wasser vereinigt, sinkt er zu Boden.

Ein „*Tyāga Jīvi*" ist jemand, der nichts als sein eigen betrachtet; er weiß und empfindet, dass alles Gott gehört. Gefühle von ‚Ich' und ‚Mein' führen zu Bindung. Ihr solltet Hingabe an Gott entwickeln und sagen: ‚Ich bin Dein. Nichts ist mein. Alles ist Dein!' Eine solche Einstellung befreit von Bindungen. Danach sollte ein *Tyāga Jīvi* streben.

Die Grundlage für jede edle Bestrebung und Errungenschaft ist Liebe. Da man als Mensch geboren wurde, sollte man diese Liebe erlangen."

Frage: „Wie können wir diese Liebe entwickeln?"

Antwort: **„Wahre Liebe kann nur in einem reinen Herzen erblühen. Arjuna hatte solch ein reines Herz. In Wirklichkeit bedeutet das Wort ‚Arjuna' ‚Reinheit'. Nach der Mahabharata-Schlacht fragte Arjuna *Krishna*: ‚Warum hast Du mich auserwählt, um die *Bhagavadgita* zu lehren? Womit habe ich das verdient? Was siehst Du als so einzigartig in mir? Ich bin weder ein Yogi noch ein Entsagender. Ich habe fünf Ehefrauen. Ich verbringe viel Zeit mit sinnlichen Vergnügungen. Warum hast du nicht unseren Großvater Bhīshma gewählt, der sein ganzes Leben geopfert hat, um seinen Vater glücklich zu machen (indem er nicht heiratete). Shrī Rama hat nur vierzehn Jahre lang auf sein Königreich verzichtet, um das Versprechen seines Vaters (seiner dritten Frau gegenüber) zu honorieren; mein Großvater jedoch hat sein ganzes Leben geopfert (d.h. im Zölibat gelebt). Warum hast du nicht Bhīshma erwählt, um ihn die *Bhagavadgita* zu lehren? Und dann ist da noch mein älterer Bruder Dharmaja, der die Verkörperung der Rechtschaffenheit ist. Warum hast Du nicht ihn auserwählt? Oder warum nicht Bhīma, der ohnegleichen ist, was Kraft und Stärke angeht?'**

***Krishna* antwortete: ‚Bhīshma war zweifelsohne ein weiser Mann; aber er setzte sein Wissen nicht in die Tat um. Bei ihm fehlte die Einheit von Gedanke, Wort und Tat! Er wusste, dass die Pāndavas edel und rechtschaffen und die Kauravas ungerecht und schlecht waren. Er sagte es sogar Duryodhana vor der Schlacht. Und dennoch wurde er der Oberbefehlshaber des Kaurava-Heeres! Warum schloss er sich nicht den Pāndavas an?**

Dharmaja bereute erst nach dem Krieg, dass er seinen Großvater, seinen Lehrer, seine Freunde und seine Verwandten getötet hatte. Er wurde von Reue überwältigt und wollte das Regierungsamt aufgeben. Er hatte nicht darüber nachgedacht, bevor er handelte. Er hatte nur *Pashcāttāpa* und kein *Pūrvatāpa.* Du hattest *Pūrvatāpa*; du hast gespürt, dass du den Krieg nicht gewinnen solltest, indem du deinen Großvater, deinen Lehrer, deine Freunde und Verwandten vernichtest. Du hättest dir deinen Lebensunterhalt eher als Bettler verdienen wollen, als die Freuden eines mit dem Blut deiner Lieben befleckten Königreiches zu genießen.

Bhīmas Kraft ist rohe Kraft. Er ist der Sklave seines Zorns. Seine intellektuelle Kraft entspricht nicht seiner physischen Kraft. Dein Intellekt ist stark und du besitzt Unterscheidungsvermögen. Darum habe ich dich auserwählt, um die höchste Weisheit zu lehren.‘ “

Frage: „Swami, wir werden manchmal von Furcht überwältigt. Wie können wir uns von der Furcht befreien?“

Antwort: **„Schuldgefühl ist der Hauptgrund für Furcht. Ihr habt nur Angst, wenn ihr einen Fehler begangen habt. Ihr solltet Unterscheidungsvermögen und Willenskraft stärken, damit ihr Fehler verhindert. Wahre Erziehung sollte vier Tugenden fördern: Menschlichkeit, Reinheit, Charakterstärke und Mut.**

Ein schwacher Körper ist ein weiterer Grund für Angst. Falsche Essgewohnheiten und schlechte Eigenschaften schwächen den Körper und das Nervensystem. Wir sollten uns bemühen, den Körper kräftig und gesund zu erhalten, indem wir gute Angewohnheiten fördern.“

Nach dieser höchst inspirierenden Sitzung gewährte Swami uns allen *Padanamaskar*. Er erhörte auch unsere Bitte um ein Gruppenfoto mit all den Schülern, die in jenem Monat die Schule verließen. Swami verließ Sathya Sai Grama um drei Uhr nachmittags.

Gruppenfoto in Sathya Sai Grama – 1979

Zwischen Swamis erstem und zweitem Besuch in Sathya Sai Grama lagen fast sieben Monate. Sein dritter Besuch erfolgte nach weiteren vier Monaten. Einige von uns nahmen im Mai/Juni 1979 am Sommerkurs zum Thema „Indische Kultur und Spiritualität" in Brindavan teil.

Die Abschlussveranstaltung des einmonatigen Kursus sollte am 21. Juni stattfinden. Eine Woche vor der Veranstaltung sagte Swami uns, dass er am 22. Juni mit allen Sommerkursteilnehmern Sathya Sai Grama besuchen werde. Er hatte die Bitte der Mitglieder der „Boggaram Stiftung" erhört, und war bereit, das Krankenhaus einzuweihen, das diese in Sathya Sai Grama für die Bewohner des Schulgeländes wie auch der Dorfbewohner aus der Umgebung errichtet hatten. Drei wichtige Mitglieder der Stiftung – Shrī B.V. Aswathaiah und seine beiden Brüder, Shrī Sriramaiah und Shrī Rathnaiah – hatten sich für die Errichtung des Krankenhauses in Sathya Sai Grama eingesetzt.

Die Eröffnung dieses Krankenhauses am Freitag, den 22. Juni 1979, war die erste feierliche Veranstaltung in Sathya Sai Grama, die in Swamis göttlicher Gegenwart stattfand. Es waren über 1 000 Jungen und Mädchen aus dem ganzen Land, die in diesem Jahr am Sommerkurs teilgenommen hatten und nun die wunderbare Gelegenheit hatten, mit

Swami nach Sathya Sai Grama zu kommen und den Einweihungsfeierlichkeiten des Krankenhauses beizuwohnen. Es war auch für Tausende von Menschen aus Chikballapur und Umgebung eine großartige Gelegenheit, Swamis *Darshan* zu bekommen und Swamis inspirierender Rede auf Kannada zu lauschen. Auch aus Bangalore waren viele Devotees angereist.

Swami kam um neun Uhr morgens in Sathya Sai Grama an. Er wurde am Eingangstor zum Schulgelände, wo ein schöner Sarva-Dharma-Samanvaya-Bogen errichtet worden war, mit großem Zeremoniell empfangen. Swami stieg beim Bogen aus und weihte ihn ein. Er war voll des Lobes für die richtigen Proportionen des Bogens.

Den Weg vom Bogen bis zum Krankenhaus ging er zu Fuß. Die Schüler, in blau- und cremefarbene Uniformen gekleidet, bildeten rechts und links des Weges eine Ehrengarde für ihren Herrn. Nachdem das Krankenhaus eingeweiht worden war – es wurde „Sri Sathya Sai Loka Seva Health Centre“ getauft – ging Swami zum *Mandir*.

Viele Tausend Menschen hatten sich auf dem Gelände neben dem *Mandir* versammelt. Sie alle, wie auch die Schüler und Lehrer von Sathya Sai Grama und die Teilnehmer des Sommerkurses in Brindavan waren Teil dieser Versammlung.

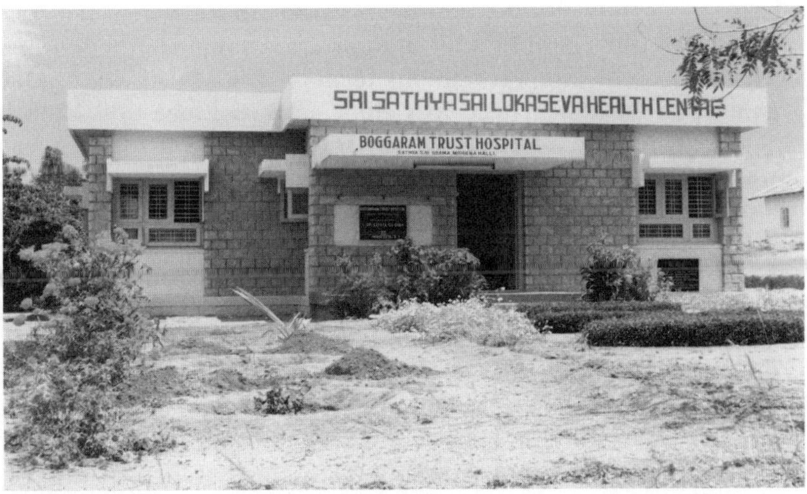

Sri Sathya Sai Loka Seva Health Centre – 1979

Nach einer inspirierenden Ansprache von Prof. R.G. Kulkarni, dem Rektor des Sri Sathya Sai Junior College in Brindavan, hielt Swami eine Rede vor der großen Versammlung. Er sagte:

„Es ist ein großer Segen und ein großes Glück, wenn man als Mensch geboren wird. Unglücklicherweise erkennen viele Menschen diese Wahrheit nicht. Wir finden selten Menschen, die ihre Zeit damit verbringen, das höchste Ziel des Lebens anzustreben, indem sie den Weg der Rechtschaffenheit gehen. Heutzutage werden die meisten Menschen von der Dunkelheit der Unwissenheit und Eifersucht umhüllt. Der Mensch benimmt sich nicht wie ein Mensch; er lebt wie die wilden Tiere und die Vögel. Das ist nicht recht. Jeder Mensch muss seine Pflichten erkennen und auf irgendeinem Gebiet, das ihm liegt, der Gesellschaft dienen.

Dieses Zentrum, das als kleine Schule in einer unterentwickelten Gegend begonnen wurde, ist nun zu einem vorbildlichen Zentrum für den Dienst am Nächsten herangewachsen. Nur der sehr kompetente Einsatz von Lehrern und anderen Arbeitern hat dies möglich gemacht. Die Schüler in dieser Schule können sich glücklich schätzen, so gute Lehrer zu haben. Es sind *Tyāga Jīvis*, die hier die Zukunft der Schüler prägen. Ihr Einsatz geht weit über das Übliche hinaus. Die Schüler sollten diese vorbildlichen Gegebenheiten gut nutzen.

Ihr solltet alle einmütig und organisiert zusammenarbeiten und gegenseitige Liebe und Verständnis fördern. Die Macht einer guten Organisation ist unbegrenzt. Mit einer solchen Liebe und Einheit wird die Institution rasch wachsen. Die Welt von heute, die von Unwahrheit, Ungerechtigkeit und Schlechtigkeit heimgesucht wird, braucht viele solche Institutionen, um mit ihren Problemen fertig zu werden. Nur dann wird dieses *Tyāgabhūmi*, *Yogabhūmi* und *Karmabhūmi* – unser heiliges Land – seine vergangene und verlorene Herrlichkeit wiedergewinnen können. Unsere Studenten sollten sich dem Aufbau eines solch glorreichen Bhārats widmen.

Nur eine geringe Anzahl von Menschen denkt heutzutage an das Wohl der Welt. Der Gesellschaft wird es nur dann wohl ergehen, wenn sich jeder einzelne bessert. Institutionen wie diese sind sehr wichtig, um gute und charaktervolle Menschen zu formen. Ein gesunder Körper ist die Grundlage für alle edlen und guten Aktivitäten. Ein Gesundheitszentrum ist sehr wichtig in solchen Instituti-

onen. Shrī Rathnaiah Setty und seine Brüder haben vortreffliche Arbeit geleistet, indem sie dieses Gesundheitszentrum an diesem Ort errichtet haben. Opferbereitschaft (tyāga) und Charakter *(shīla)* sind wie die beiden Augen des Menschen. Ohne sie ist der Mensch blind und hilflos. Das Geschenk der Gesundheitsfürsorge ist ein sehr guter Dienst an der Gesellschaft.

Die Schüler sollten sich gute Gewohnheiten aneignen und die richtige Nahrung zu sich nehmen. Wenn ihr euch mit einem gesunden Körper Aktivitäten widmet, die anderen helfen, so wird der spirituelle Erfolg spontan zu euch kommen. Welchen Sinn hat unser Leben, wenn wir uns wie die Tiere in Sinnenfreuden verlieren? Wir müssen den Nektar der Unsterblichkeit von Erkenntnis *(sujnāna)* und Weisheit *(prājnana)* erfahren.

Innerhalb von wenigen Jahren wird diese Institution zu einem College heranwachsen, das vielen Studenten aus den ländlichen Gebieten eine Hilfe sein wird. Das ist mein Wille. Das wird innerhalb der nächsten drei Jahre geschehen!

Kulkarni sprach über das Ashvamedhayāga, das Pferdeopfer. Was ist mit dem ‚Pferd' gemeint? Unser Gemüt ist das Pferd. Tyāga ist Yāga. Diese Art von ‚Pferdeopfer' sollte ununterbrochen stattfinden in unserem Leben. Nur dann können wir Erfüllung in unserem Leben finden. In diesem Zentrum gibt es für jeden großartige Möglichkeiten, selbstlosen Dienst zu tun. Reichtum wird uns nicht immer begleiten. Doch der Reichtum, den wir wohltätigen Zwecken zukommen lassen, wird immer bei uns sein; er wird uns sogar bis in unsere nächsten Leben folgen. Ich möchte, dass ihr durch solche Opfer das glorreiche Ansehen Bhārats in der Welt wieder herstellt!"

Nach der öffentlichen Feier aß Swami mit allen Sommerkurs-Teilnehmern und den anderen Gästen in dem großen Zelt im Hof des Wohnheimes zu Mittag. Swami verließ Sathya Sai Grama gegen ein Uhr mittags.

Danach besuchte Swami Sathya Sai Grama noch einmal, und zwar am Freitag, den 2. November 1979. Es war ein sehr kurzer Besuch, der weniger als zwei Stunden dauerte. Zu dieser Zeit herrschte dort gerade akuter Wassermangel. Die vier offenen Brunnen auf den Feldern waren fast versiegt. Unsere Versuche, nach Wasser zu bohren, waren fehlgeschlagen. Es war kein Wasser in den zwei neuen Bohrlöchern, für die wir viel Geld bezahlt hatten. Wir hatten Swami gebeten, er möge uns helfen, das nötige Wasser für Schule, Wohnheim, Molkerei und Bauernhöfe zu finden.

Nachdem Swami an diesem Tag einige Zeit im *Mandir* verbracht hatte, fuhr er mit uns in einem kleinen Auto zum Bauernhof und stieg mitten auf dem Hof aus. Er sah sich um und sagte: **„Ich werde einen Wünschelrutengänger schicken; er wird euch zeigen, wo ihr reichlich Wasser findet. Dort könnt ihr dann bohren. Ihr werdet jede Menge Wasser haben.“**

Dann betrachtete er das unebene Gelände am Fuße des westlichen Hügels; es war eine Gegend voller Schluchten. Seit über einem Monat dachte ich, dass wir das Gelände mit Hilfe eines Bulldozers einebnen sollten. Das dachte ich auch, als Swami diese Gegend betrachtete. Er sagte: **„Du kannst einen Bulldozer kommen und das Gelände einebnen lassen!“**

Ich war sehr glücklich.

Nachdem Swami einen Blick auf die Kühe in der Molkerei geworfen hatte, ging er zurück zum *Mandir*. Er sprach eine Weile mit uns über die Schule und verließ dann Sathya Sai Grama. Nach ein paar Tagen schickte Swami Shrī Roopla Naik nach Sathya Sai Grama. Er war Mitglied des „Indian Administrative Service“ (indischer Verwaltungsdienst) und Regierungssekretär von Karnataka für ländliche Entwicklung. Er war ein bekannter Wünschelrutengänger. Nachdem er das Gelände von Sathya Sai Grama abgegangen war, zeigte er uns zwei Stellen, wo wir bohren konnten. Die erste Stelle war ganz in der Nähe der Stelle, wo Swami auf dem Hof ausgestiegen war. Shrī Roopla Naik sagte, dass wir an der ersten Stelle viel Wasser bekommen würden und kleinere Mengen an der zweiten Stelle.

Wir sorgten dafür, dass innerhalb einer Woche an beiden Stellen gebohrt wurde. Als wir an der ersten Stelle vor Bohrbeginn eine *Pūjā* durchführten, fiel eine Blume von Swamis Foto herunter, das etwa eineinhalb Meter von dieser Stelle entfernt auf einem Stuhl stand. Wir sahen, wie die Blume bis zu der Stelle rollte, wo gebohrt werden sollte! An dieser Stelle fanden wir in einer Tiefe von etwas über 30 Metern reichlich Wasser. So war durch Swamis göttliche Gnade die Wasserknappheit auf dem Schulgelände gelöst worden.

16. Sai setzt „Vidya Ganapati“ in „Sathya Sai Grama“ ein

Die Schule in Sathya Sai Grama wurde im Juni 1973 eingeweiht. An einem Tag im Juni 1974 erwachte ich frühmorgens aus einem lebhaften Traum. Der Gott Ganesha war als kleiner Junge in meinem Traum erschienen. Sein Körper strahlte ein blendendes Licht aus. Er erschien auf einem kleinen Hügel an der südöstlichen Grenze des Schulgeländes und sprach mit lieblicher, volltönender Stimme: „Ich kam aus dem Norden hierher. Früher wurde ich jeden Tag von Königen in einem Tempel verehrt. Aber das Königreich wurde von Feinden überfallen und alle Mitglieder der königlichen Familie wurden getötet. Danach wurde mein Wohnsitz vernachlässigt und ist nun ganz verfallen. Wenn du mir hier einen Tempel baust, komme ich und werde hier bleiben!“ Gleich nach diesem göttlichen Befehl wachte ich auf. Die himmlische Stimme klang mir noch in den Ohren. Ich wartete bis Anna nach Sathya Sai Grama kam und erzählte ihm dann von meinem Erlebnis. Er war sehr glücklich.

Einen Monat nachdem Anna wieder nach Alike zurückgekehrt war, schickte er uns einen angesehenen Astrologen aus dem Dakshina-Kannada-Bezirk, der wusste, wie man die richtige Stelle für den Bau eines Tempels findet. Er hieß Shrī Subramanya Jois. Anna hatte ihn gebeten, die richtige Stelle für den Bau eines Ganesha-Tempels in Sathya Sai Grama zu suchen. Die meisten meiner Brüder vom Lehrerkollegium wollten, dass der Tempel neben der Schule errichtet werde, damit er für Schüler und Lehrer leicht und schnell zugänglich war. Ich hatte dieselbe Vorstellung. Die Stelle, an der wir den Tempel errichtet haben wollten, lag im Nordosten des Schulgeländes. Shrī Subramanya Jois vermaß das gesamte Gelände; einige von uns begleiteten ihn während seiner Arbeit. Wir zeigten ihm die Stelle, die wir auserwählt hatten. Aber er führte uns zum höchsten Punkt des Grundstücks, auf einen Hügel im Südosten. Er sagte: „Die Form dieses Hügels sieht aus wie ‚Gaja Prushta‘, der

Rücken eines Elefanten. Dieser Platz ist für einen Ganesha-Tempel sehr gut geeignet!"

Es war exakt die Stelle, wo der junge Ganesha mir im Traum erschienen war! In jenen Tagen war dieser Hügel ein einsamer Platz, der etwa 600 Meter von den Schulgebäuden entfernt lag. Wir wollten, dass Anna entschied, wo der Tempel gebaut werden sollte. Schließlich wurde beschlossen, den Tempel an dem von Shrī Subramanya Jois empfohlenen Ort zu errichten.

Ein paar Wochen nachdem wir die Baustelle für den Tempel ausgesucht hatten, kam einer unserer Freunde aus Chikballapur nach Sathya Sai Grama und teilte uns mit, dass er ein „Garbha Gudi" (das Allerheiligste) für einen Tempel auf dem Schulgelände bauen wollte!

Ich fragte ihn: „Welche Gottheit willst du in dem Tempel installieren?"

Er antwortete: „Das müsst ihr entscheiden!"

Ich wollte wissen, welche Gottheit ihm am liebsten wäre, und so fragte ich ihn: „Welche Gottheit hättest du gerne dort?"

Er dachte eine Weile nach und sagte dann: „Es könnte Shrī Ganesha sein, wenn das für euch in Ordnung ist!"

Swamis unsichtbare Hand führte uns, um seinen göttlichen Plan zu erfüllen. Wir begannen kurz darauf mit dem Bau des Allerheiligsten; doch die Arbeiten gingen nur sehr langsam voran, weil wir nicht die richtigen Steinmetze fanden.

Als alle Schüler für die Sommerferien 1975 heimfuhren, blieben nur einige von uns in Sathya Sai Grama zurück. Am liebsten vertrieben wir uns unsere Zeit mit der Erkundung der Berge um das Schulgelände herum. Sathya Sai Grama lag in einem Gebiet, das „Pancagirikshetra", das „Land der fünf Berge" genannt wurde. Die fünf Berge bildeten eine Kette, die sich westlich von Sathya Sai Grama von Norden nach Süden hinzog. Die fünf Berge hießen Nandi Giri (giri = Berg), Brahma Giri, Divya Giri, Channa Giri und Skanda Giri.

Die Engländer hatten Nandi Giri zu einem bekannten Erholungsort gemacht. Er war auch eine Pilgerstätte mit einem Tempel von Shrī Yoga Nandishvara. Während des Schuljahres besuchten wir oft, meist an Sonn- und Feiertagen, mit den Schülern Nandi Hill. Obwohl wir mit unseren Autos zum Berggipfel hätten fahren können, zogen wir es vor, die zwei Kilometer bis zum Fuß des Berges zu laufen und dann die 2 800 Stufen hinauf zu steigen.

Im Sommer 1975 beschlossen wir, Skanda Giri zu besteigen, der nördlich von Sathya Sai Grama lag. Es war der Berg, der dem Schulgelände am nächsten lag. Skanda Giri war ein großer und steiler Berg, der aus einem einzigen Granitblock bestand und keine Trampelpfade hatte. An einem Morgen gingen wir mit einigen begeisterten und klettererfahrenen jungen Dorfbewohnern zum östlichen Fuß des Berges. Einige von ihnen sagten, dass es auf dem Berggipfel einen Tempel gebe. Um neun Uhr begannen wir, mit Hilfe der jungen Leute, unseren Aufstieg. Es war ein ziemlich riskantes Unterfangen, die Hänge des Berges zu besteigen, die an manchen Stellen äußerst steil waren. Aber wir gaben nicht auf. Der älteste in unserer Gruppe war der Schulleiter, der sich dem Pensionsalter näherte. Doch gerade er war der begeistertste und agilste von uns allen. Wir erreichten den Gipfel gegen elf Uhr. Auf dem Gipfel stand innerhalb einer Festung ein schöner Tempel. Sowohl der Tempel als auch die Festung waren nur noch Ruinen. Im Tempel selbst war es ziemlich dunkel. Doch da es ein sonniger Tag war, konnten wir sehen, dass die Gottheit dieses Tempels Shrī Ganesha war! Die Götterfigur war etwa 70 Zentimeter groß und aus schwarzem Stein; sie stand auf einem ungefähr 90 Zentimeter hohen Sockel. Die Götterfigur war wunderschön. Weder der Tempel noch das Allerheiligste hatten Türen. Wir pflückten einige Blumen, die in der Umgebung wuchsen, und schmückten die Figur. Während wir im Allerheiligsten Ganesha-Bhajans sangen, erinnerte ich mich der wohltönenden Worte *Bala Ganeshas*, als er vor fast einem Jahr in meinem Traum erschienen war. Ich war von einer tiefen Dankbarkeit erfüllt und eine vollkommene Seligkeit erfüllte mein Wesen.

Obwohl das Allerheiligste des Ganesha-Tempels 1976 fertig war, konnten wir die Götterfigur noch nicht einsetzen, weil wir erst die Halle um das Heiligtum herum erbauen wollten. Es gab viele Hindernisse, bis das Werk vollbracht werden konnte. Im Nachhinein kann ich sagen, dass diese Aufgabe deshalb verzögert wurde, weil Ganesha wollte, dass seine Götterfigur durch Swami selbst eingesetzt wurde!

Shrī Ganesha wartete geduldig bis November 1981, um von *Shivashaktisvarūpa* – von Shrī Sathya Sai – eingesetzt zu werden!

Nach Swamis erstem Besuch in Sathya Sai Grama, am 14. August 1978, besuchte er 1979 unsere Schule drei Mal. 1980 war ein Unglücksjahr für uns, denn Swami kam nicht ein einziges Mal. 1981 besuchte er Sathya Sai Grama dreimal. Sein zweiter Besuch in jenem Jahr war am 7.

August 1981. Swami kam um neun Uhr vormittags an. Der Himmel war sehr bedeckt, und es drohte ein heftiger Wolkenbruch niederzugehen. Wir machten uns Sorgen, denn wir hatten die Feierlichkeiten unter einem Zeltdach auf dem offenen Gelände hinter dem *Mandir* geplant. Das Zeltdach bestand aus Kokospalmblättern. Als Swami ankam, waren regenschwere Wolken am Himmel und alles sah düster und dunkel aus. Nachdem Swami einige Zeit im *Mandir* verbracht hatte, ging er zu den draußen versammelten Schülern, Lehrern und Gästen. Bevor er unter das Zeltdach trat, sah er zum bedeckten Himmel hoch und sagte zu mir: **„Mach dir keine Sorgen!"**

Diese Worte erhellten mein düsteres Gemüt.

Swamis liebevolle Geste jenem Jungen gegenüber, der an diesem Morgen zu der versammelten Menge sprach, bevor Swami seine Rede hielt, wird den der Feier beiwohnenden Gästen immer in Erinnerung bleiben. Der Schüler hieß Ranganath und war damals fünfzehn Jahre alt. Als er über Swamis selbstlose und unendliche Liebe sprach, wurde er von seinen Gefühlen übermannt und begann zu weinen. Swami stand sofort von seinem Stuhl auf und ging auf den Jungen zu; er wischte ihm die Tränen fort, streichelte seinen Kopf und materialisierte *Vibhuti* für ihn.

Viele von uns waren zu Tränen gerührt. Zum Glück wurde diese rührende Szene in einem Foto festgehalten. Der kleine Junge ist heute erwachsen und ein ausgezeichneter Arzt. Nachdem dieser Junge und ich eine Ansprache gehalten hatten, sprach Swami über eine Stunde lang zu den Anwesenden.

Es waren auch Kinder der Grundschule unter den Zuhörern. Die Art und Weise, wie Swami die Aufmerksamkeit der kleinen Jungen wach hielt, indem er ihnen hin und wieder Fragen stellte, machten diese Rede Swamis einzigartig. Doch meine Aufmerksamkeit wurde von den über uns hängenden Wolken gestört. Trotz der göttlichen Zusicherung schaute ich oft zum Himmel hoch. Meine Furcht vor einem drohenden Regenguss war nicht beseitigt. Nachdem Swami eine Viertelstunde lang gesprochen hatte, verzogen sich die Wolken und die Sonne erschien; ich war erleichtert! Als Swami nach der Feier das Zeltdach verließ, sah er mich an und sagte: **„Die fünf Elemente sind in meinen Händen!"**

Mögen wir uns immer dieser Wahrheit bewusst sein!

Als Swami am 22. Juni 1979 das Sri Sathya Sai Gesundheitszentrum in Sathya Sai Grama einweihte, hatte er gesagt: **„Innerhalb von weni-**

gen Jahren wird diese Institution zu einem College werden und für viele Schüler der ländlichen Gegend eine große Hilfe sein. Das ist mein Wille! Das wird innerhalb der nächsten drei Jahre geschehen!"

Und so geschah es! Im Oktober 1981 baten die Mitglieder der „Boggaram Stiftung", die das Gesundheitszentrum erbaut hatten, Swami um Erlaubnis, ein College auf dem Schulgelände errichten zu dürfen. Swami erlaubte es ihnen nicht nur, sondern versicherte ihnen auch, dass er selbst am Freitag, dem 6. November, den Grundstein dafür legen werde! Als wir Swami aufsuchten, um uns seinen Segen für die notwendigen Feierlichkeiten zu holen, sagte er uns: **„Ich werde an diesem Tag zuerst den Ganesha-Tempel einweihen und dann den Grundstein für das College legen!"**

Wir waren freudig erschreckt! Bis dahin war nur das Allerheiligste fertiggestellt, und für die das Allerheiligste umgebende Halle war nur das Fundament gelegt worden. Da der Tempel auf einem kleinen Hügel stand, musste auch das umliegende Gelände noch schön gestaltet werden, und es mussten Treppen zum Tempel gebaut werden. Uns blieb nur ein Monat, um die Arbeiten zu vollenden. Bisher war der Tempelbau mit vielen Problemen und Hindernissen behaftet gewesen. Doch nachdem Swami seine Absicht mitgeteilt hatte, den Tempel einzuweihen, ging alles reibungslos vonstatten. Die Arbeiten wurden in Windeseile in Angriff genommen; einen Tag vor der Einweihungsfeier war alles fertig.

Die öffentliche Feier am 6. November brachte so viele Besucher wie nie zuvor nach Sathya Sai Grama. Sie kamen von nah und fern. Es waren auch viele Würdenträger gekommen, um Swami zu empfangen. Einer von ihnen war Dr. Vinayak Krishna Gokak. Er war zum ersten Vizekanzler der heute sehr angesehenen Universität „Sri Sathya Sai Institute of Higher Learning" ernannt worden; die Universität wurde zwei Wochen später in Prasanthi Nilayam eingeweiht. Wir empfingen Swami an diesem Morgen in der Nähe des Shrī Ganesha-Tempels mit vedischen Hymnen, die von Priestern gesungen wurden. Die heiligen Zeremonien und Rituale für die Einsetzung der Götterfigur hatten schon am Tag vorher begonnen und fanden ihren Höhepunkt, als Swami den Tempel durch die Berührung seiner Lotosfüße heiligte.

Swami betrat das Allerheiligste und segnete die Ganesha-Figur durch seine göttliche Berührung. An diesem Tag wurde *Bala Ganeshas* Wunsch, sich in Sathya Sai Grama niederzulassen, erfüllt! Er ist nun

Vidya Ganapati und wird jeden Tag von Hunderten von Vidyārthis, Studenten, verehrt. Swami enthüllte auch eine Gedenktafel zur Erinnerung an die Einweihung des Tempels. Vom Tempel aus ging Swami zur Baustelle des Collegegebäudes und legte den Grundstein.

Swami legt den Grundstein für das Collegegebäude – November 1981

Im Süden des Schulgeländes war für die Feierlichkeiten eine neue, nach Norden ausgerichtete, etwa 2,50 hohe Bühne errichtet worden. Das Gelände war an diesem Morgen überfüllt mit Menschen, die begierig auf Swamis göttlichen *Darshan* und seine Lehren warteten. Der angesehene Kannada-Sänger, Shrī Mysore Ananta Swamy sang die einführende Hymne. Nach den Ansprachen von Shrī U. Gangadhar Bhat und Shrī B.V. Aswathaiah segnete Swami die Versammlung mit seiner göttlichen Botschaft.

Zu Beginn seiner mitreißenden Rede sagte er:

„Wahre Bildung verleiht dem Menschen Bescheidenheit und Demut. Bescheidenheit und Demut führen zu Können und Können verhilft ihm zu Reichtum. Wenn der Mensch den Reichtum für edle und wohltätige Aktivitäten verwendet, erreicht er wahres Glück.“

Dann fuhr er fort: **„Heute ist nicht nur *Arunodaya* sondern *Ānandodaya* für Sathya Sai Grama! Der Sonnenaufgang hat euch allen** große Freude und Glückseligkeit gebracht. Ihr habt viele Tage lang ungeduldig auf diesen glanzvollen Augenblick gewartet. Tage wie dieser sind sehr selten in unserem Leben. Solch heilige Tage sind für alle die wichtigsten Tage. Ein heiliger Tag ist ein Tag, an dem ihr zusammen mit den Devotees Gottes Herrlichkeit besingt; oder es ist der Tag, an dem ihr die Probleme der Armen beseitigt, indem ihr ihnen das gebt, was ihnen fehlt und sie wie eure eigenen Brüder behandelt. Es kann auch der Tag sein, an dem ihr die Gelegenheit bekommt, Heiligen zu dienen, die ihren Körper und ihren Geist Gott geweiht haben. Es kann auch der Tag sein, an dem heilige Personen kommen und euch Geschichten über die Herrlichkeit Gottes erzählen. Neben diesen Tagen sind alle anderen Tage sinnlos.

Nur Studenten können in der heutigen Welt, in der dämonische Eigenschaften wie Unwahrheit, Ungerechtigkeit und Schlechtigkeit ausufern, die Ideale von Gerechtigkeit, Rechtschaffenheit, Liebe und Frieden verbreiten. In Wirklichkeit ist es im *Kaliyuga* leichter, Wissen zu erlangen und Unterscheidungsvermögen zu entwickeln als im *Kritayuga*, *Tretāyuga* oder *Dvāparayuga*! Im *Kaliyuga* kann man das höchste Lebensziel erreichen, indem man nur den göttlichen Namen rezitiert und über Gottes Herrlichkeit meditiert. Viele Menschen haben Angst und bekommen Panik, wenn sie daran denken, wie schrecklich und gefährlich es doch ist, im *Kaliyuga* zu leben. Andere sagen *Kaliyuga* ist Kalahayuga – das Zeitalter von Streit und Konflikten. Das stimmt nicht; in Wirklichkeit ist *Kaliyuga* Suvarnayuga – das goldene Zeitalter –, denn es gibt viele einfache Wege, Gott zu erkennen.

In früheren Zeiten gab es nur einige Ausbildungszentren in der Form von *Gurukulas*. Heute findet man in jeder Straße viele sogenannte Ausbildungsinstitutionen, doch wahre Erziehung ist selten geworden. Die Schulen und Colleges sind nur ein neuer Weg, um zu Geld zu kommen. Darum kann der Mensch Frieden und Glück nicht finden, obwohl beides greifbar ist. Die heutige Erziehung lehrt die Schüler kein gutes Benehmen, was aber sehr wichtig ist im Leben. Das Fehlen von gutem Benehmen ist verantwortlich für die Probleme und Schwierigkeiten des Menschen. Die erste Aufgabe im Leben eines Menschen ist es, sein wahres Selbst zu erkennen, indem er moralisch und rechtschaffen handelt. Ausbildungsinstitutionen sollten gerade und edle Wege bauen, die den Menschen zu einem

göttlichen Leben der Unsterblichkeit führen. Aber heutzutage fällt auf, dass die Moralerziehung, die das Rückgrat eines jeden Erziehungssystems bilden sollte, in Schulen und Colleges fehlt.

Die öffentliche Versammlung in Sathya Sai Grama

Bedeutende Männer wie Shankara, Ramanuja, Madhwa, Buddha, Jesus und Zarathustra haben die Lampe göttlichen Lebens in den Herzen der Menschen angezündet. Nicht ihre Erziehung befähigte sie dazu; es war vielmehr die Kraft ihrer inneren moralischen Stärke. Heutzutage findet man Tausende von Büchern auf dem Markt und Hunderte von Lehrern in Schulen und Colleges, doch wahre Erziehung ist zu einer Seltenheit geworden. Wir brauchen heute Ausbildungsinstitutionen, die den Samen der Heiligkeit in die zarten Herzen der Schüler säen und aus ihnen Erbauer eines neuen und glorreichen Indien machen.

Sathya Sai gründet viele Ausbildungsinstitutionen mit dem Ziel, die unsterbliche indische Kultur neu zu beleben, denn diese Neubelebung vermag die Unruhe zu beheben, von der das Land heutzutage befallen ist. Besonderes Merkmal dieser Institutionen ist die Förderung eines guten Charakters und Benehmens der Schüler und Studenten. Die Kennzeichen der Schüler und Studenten dieser Institutionen sind Bescheidenheit und Handeln nach edlen Idealen. Wenn Erziehung kein gutes Benehmen lehrt, ist sie wie eine Kuh, die keine Milch gibt, oder wie eine Frucht ohne süßen Saft oder wie ein Buch, das kein Wissen vermittelt. Eine solche Erziehung ruiniert viele junge und kostbare Leben.

Durch schlechtes Benehmen sinkt der Mensch auf das Niveau eines Tieres herab; durch gutes Verhalten wird er göttlich. Die richtige Erziehung ist richtungweisend für das Leben eines Menschen.

Die Mitglieder der ‚Boggaram Stiftung‘ haben sich begeistert der Aufgabe angenommen, wahre Erziehung in Sathya Sai Grama zu fördern. Durch Sais Willen wird sich diese Ausbildungsinstitution allmählich weiter entwickeln und als vollwertiges College Teil der Sri Sathya Sai Universität werden! Es ist Sais Absicht, Ausbildungsinstitutionen in ländlichen Gegenden zu schaffen, um den Armen eine gute Ausbildung zu ermöglichen.

Die Dörfer sind das Herz Indiens. Wenn wir unser Land stark machen wollen, müssen wir das ländliche Indien stärken. Es ist für das heutige Indien zum Fluch geworden, dass die Dorfbewohner auf der Suche nach Ausbildung und Arbeit in die Städte flüchten. Um dieses Problem zu lösen, müssen wir wahre Erziehung in die Dörfer bringen. Dies ist in unserer heutigen Zeit der wirkliche soziale Dienst.

Schüler und Studenten sollten erkennen, dass ihre erste Pflicht ihren Eltern gilt. Sie sollten ihren Eltern gehorchen und ihnen dienen. Ich möchte, dass jeder Schüler hier die Prinzipien wahrer Erziehung lernt, das heißt, Gehorsam den Eltern gegenüber, Dienst an der Gesellschaft und Aufrechterhalten der Herrlichkeit unserer großen Kultur!"

Auf diese Weise integrierte Swami Sathya Sai Grama in die Weltkarte der Sri Sathya Sai Erziehung. Vidya Ganapati, den er an diesem Tag in seinem Tempel einsetzte, ist der Hüter der spiritualisierten Erziehung in Sathya Sai Grama. Bei einem seiner späteren Besuche in Sathya Sai Grama, im Jahr 1998, ging Swami wieder zum Tempel und betrat das Allerheiligste mit den Worten: **„Ich werde Ganesha wieder aufladen!"** Er materialisierte *Vibhuti* und rieb die Götterfigur liebevoll damit ein. Es sah aus, als streichle der göttliche Vater seinen göttlichen Sohn!

17. Von „Divya Kripasraya" zu „Divya Sannidhi"

Schon zu meiner Schul- und Collegezeit war ich ein begeisterter Sportler, und so trieb ich auch in Sathya Sai Grama regelmäßig Sport. Ich spielte mit Lehrern und Schülern Kricket, Volleyball und Badminton. Am Ende der Sommerferien 1982 hatten wir ein Volleyballspiel zwischen den Lehrern von Sathya Sai Grama und einer benachbarten Schule organisiert. Während des Spiels sprang ich hoch, schlug den Ball und landete unglücklich auf dem linken Fuß. Mein linkes Knie war schlimm verletzt, und ich hatte arge Schmerzen. Da ich nicht laufen konnte, wurde ich vom Spielfeld getragen. Ich entdeckte, dass ich mein linkes Bein nicht beugen konnte. Es war mir unmöglich, im Schneidersitz auf dem Boden zu sitzen. Der Arzt in unserem Krankenhaus leistete erste Hilfe und riet mir, einen Orthopäden in Bangalore aufzusuchen. Meine Kollegen waren besorgt; sie wollten, dass ich Swami über den Unfall informieren und seinen Segen einholen sollte, bevor ich nach Bangalore fuhr. Swami war in Prasanthi Nilayam. Ich fand es sehr beschämend, dass ich oder meine Kollegen Swami darüber berichten sollten, dass ich beim Volleyballspiel mein Bein verletzt hatte! Ich war damals 36 Jahre alt und Sekretär der Institutionen in Sathya Sai Grama. Ich befürchtete, dass Swami verärgert sein und mich wegen meiner Nachlässigkeit und Verantwortungslosigkeit schelten könnte. Ich erzählte meinen Kollegen, dass es nur eine geringfügige Verletzung sei, und dass es unnötig sei, Swamis Segen für eine Heilung zu erbitten. Ich war so dumm, zu glauben, dass ich die Verletzung vor Swami verheimlichen könnte! Ich wollte wenigstens die Ursache für die Verletzung vertuschen! Da es schon spät am Abend war, beschlossen wir, am nächsten Morgen nach Bangalore zu fahren.

Als ich an diesem Abend zu Bett gehen wollte, kam ein Anruf aus Prasanthi Nilayam. Shrī Kutumba Rao, der Sekretär des Sri Sathya Sai

Central Trusts, sagte mir, Swami wolle, dass ich am nächsten Morgen nach Prasanthi Nilayam komme! An jedem anderen Tag hätte ein Anruf von Swami mich vor Freude in die Luft springen lassen, doch an diesem Tag versetzte er mich in große Angst. Ich konnte der Fahrt nach Prasanthi Nilayam am nächsten Morgen nicht entrinnen. Die ganze Nacht überlegte ich mir, warum Swami mich nach Prasanthi Nilayam beordert haben könnte. Früh am nächsten Morgen fuhren der Rektor des Junior Colleges und ich los. Da ich immer noch starke Schmerzen hatte, hielt ich mein linkes Bein auf dem Rücksitz des Autos ausgestreckt.

Wir erreichten Prasanthi Nilayam um acht Uhr. Swami war mit einigen Devotees im Interviewraum. Da es ein Sonntag war, waren die Veranda und der Eingang zum *Mandir* besetzt mit Devotees wie auch Studenten und Lehrern des Instituts und der Schule. Weil ich mich nicht auf den Boden setzen konnte, blieb ich am Ende der Veranda, gegenüber dem Interviewraum, stehen. Unser Rektor saß vor mir. Ich hatte ihn gebeten, meine Verletzung Swami gegenüber nicht zu erwähnen, es sei denn, er selbst spreche das Thema an! Ängstlich und beklommen wartete ich darauf, dass Swami aus dem Interviewraum käme.

Meine größte Furcht war es, in Gegenwart von Hunderten von Studenten und Devotees gescholten zu werden. Nach einer Weile kam Swami heraus und sah mich dort stehen. Er kam geradewegs auf mich zu. Mir stockte das Herz. Sein spontanes Lächeln war die rettende Gnade. Ich betete die ganze Zeit, Swami möge, auch wenn er die Verletzung bemerkte, nicht nach der Ursache fragen. Swami kam und stand vor mir; er sprach mit mir über einige wichtige Dinge bezüglich der Schule in Sathya Sai Grama. Ich war überaus glücklich, dass es nicht meine Verletzung war, die ihn veranlasst hatte, mich herbeizuzitieren! Nachdem Swami mir einige Anweisungen gegeben hatte, machte er Anstalten zurückzugehen. Ich war Swami dankbar, dass er mich vor einer Peinlichkeit bewahrt hatte. Doch bevor er sich umdrehte, forderte er uns beide auf, *Padanamaskar* zu nehmen! Der Rektor kniete nieder und legte seinen Kopf auf Swamis Füße; danach war ich an der Reihe. Ich konnte mich weder hinsetzen noch hinknien. Während ich mich abquälte, um mich niederzubeugen, indem ich das rechte Bein beugte und das linke gestreckt hielt, fragte Swami mich: **„Was ist los? Was ist mit deinem Bein?“**

„Swami, ich bin gefallen und habe mein linkes Knie verletzt.“

Was ich da hervorstieß, war nur die halbe Wahrheit. Swami ließ seine Hand kreisen, materialisierte *Vibhuti*, die er in meine ausgestreckte

Hand rieseln ließ und sagte: **„Vernachlässige das nicht. Fahr nach Bangalore und such einen Arzt auf!"**

Ich seufzte erleichtert, als Swami weiterging und seine Aufmerksamkeit einem anderen Devotee zuwandte! Ich war ihm dankbar, dass er den Grund meiner Verletzung nicht allen anwesenden Studenten und Devotees bekannt gegeben hatte!

Wir fuhren noch am Nachmittag nach Bangalore, wo ich einen Orthopäden konsultierte. Das Röntgenbild zeigte einen Bänderriss im Knie. Mein ganzes Bein wurde für sechs Wochen eingegipst, vom Schenkel bis zu den Zehen. Ich war fast völlig bewegungsunfähig und verbrachte die meiste Zeit im Bett und dachte an Swami. Swami war noch in Prasanthi Nilayam.

Es war am Mittwochabend in der letzten Juniwoche. Ich lag im Bett und betrachtete ein Foto von Swami, das an der Wand hing; ich dachte, dass es schon über einen Monat her war, dass ich Swamis *Darshan* hatte. Gegen vier Uhr gab es draußen einen Aufruhr. Ich hörte die Jungen aufgeregt rufen: „Swami ist gekommen! Swami ist gekommen!" Ich war überrascht und versuchte aufzustehen. Wir hatten Swami, wann immer er auch kam, stets einen großen Empfang bereitet. Aber da waren wir auch jedes Mal wenigstens einen Tag vorher über seinen Besuch informiert worden. An diesem Nachmittag war Swami ohne jede Vorankündigung gekommen! Ich hatte mich viele Tage lang nicht rasiert. Aber wenigstens konnte ich mir ein Hemd überziehen, bevor Swami in mein Zimmer kam. Ich war gerade dabei aufzustehen, als Swami das Zimmer betrat. Da stand er nun vor mir mit seinem bezaubernden Lächeln! Mir fehlten die Worte. Swami verstand meine verzweifelte Lage und brach die Stille: **„Ich war auf dem Weg nach Brindavan und dachte, ich könnte dich besuchen. Keine Panik! Ich fahre in ein paar Minuten weiter … Wie geht es deinem Bein?"**

Ich war ganz überwältigt und wollte ihm zu Füßen fallen, doch mein Gipsbein hinderte mich daran. Ich sah Swami und seine beiden Begleiter völlig verwirrt an. Ich war sicher, dass Swami mich nach dem Grund meiner Verletzung fragen würde. Ich betete in den Tiefen meines Herzens zu ihm: „Swami, bitte frage mich nicht nach der Verletzung!" Doch zu meinem größten Schrecken fragte einer seiner Begleiter: „Wie kam es zu dieser Verletzung?"

Noch bevor ich den Mund öffnen konnte, beantwortete Swami seine Frage: **„Der Arme! Narasimha Murthy fuhr in Chikballapur auf**

seinem Motorrad. Er fuhr sehr vorsichtig und langsam. Aber dann kam jemand auf einem Motorroller von hinten angerast und prallte gegen sein Motorrad. Er fiel hin und verletzte sich das Bein!"

Ich war sprachlos und schwieg, doch mein Herz rief aus: „Swami, hat denn deine Barmherzigkeit keine Grenzen?"

Swami materialisierte *Vibhuti* und gab sie mir. Bevor er sich zum Gehen umwandte, lächelte er mir verschwörerisch zu. Ich sah eine allwissende Unschuldigkeit in diesem Lächeln. Swami verließ das Zimmer und segnete von der Türe aus mit erhobenen Händen die draußen versammelten Schüler und Lehrer. Einen Augenblick später war er wieder fort! Wir waren alle ganz benommen und starrten seinem davoneilenden Auto nach, bis es nicht mehr zu sehen war! Demut ergriff mich ob seiner großmütigen und großartigen Geste: Er war nur nach Sathya Sai Grama gekommen, um einen unbedeutenden Devotee zu besuchen. In dieser Nacht erfüllte eine aus tiefer Dankbarkeit kommende Glückseligkeit mein Herz und hinderte mich zu schlafen.

Zwei Wochen nach diesem Tag wurde der Gips von meinem Bein entfernt; es war fast vollständig geheilt. Swami war noch in Brindavan. Ich fuhr hin, um mich bei ihm zu bedanken. Einige Kollegen aus Sathya Sai Grama begleiteten mich. Als Swami mich sah, rief er mich zu sich. Mit einem schelmischen Augenzwinkern und einem allwissenden Lächeln zeigte er auf mein linkes Knie und sagte: **„Narasimha Murthy, du bist immer noch ein Kind. Spiel weiter Volleyball und Kricket!"**

Er hatte dafür gesorgt, dass keiner meiner Kollegen seine Worte hören konnte! Ich verbeugte mich zu seinen göttlichen Füßen und nahm *Padanamaskar*; meine Kollegen taten das Gleiche.

Nach einer Woche kehrte Swami nach Prasanthi Nilayam zurück. Bei meinem nächsten Aufenthalt in Prasanthi Nilayam bat der Heimleiter des dortigen Jungenwohnheimes mich, am Donnerstag während des Ethik-Unterrichts zu den Studenten zu sprechen. Er versicherte mir auch, dass Swami ihm erlaubt habe, mich deswegen anzusprechen. Ich betrachtete seine Bitte als Swamis Anordnung. An diesem Donnerstag war es genau einen Monat her, dass Swami Sathya Sai Grama einen Besuch abgestattet hatte. An jenem Morgen saß ich auf der Veranda, um Swamis Segen zu bekommen, bevor ich für meine Ansprache zum Institut ging. Swami war mit einigen Devotees im Interviewraum. Der Heimleiter hatte mir gesagt, er werde zum *Mandir* kommen und mich abholen; aber er war noch nicht da. Die Interviews waren zu Ende und

Swami kam heraus. Als er mich sah, rief er mich zu sich. Ich ging zu ihm und kniete vor ihm nieder. Er fragte mich: **„Wie kommst du zum Institut?“**

Ich war glücklich, dass Swami sich an meine Rede im Institut erinnerte. Ich sagte: „Swami, der Heimleiter wird kommen und mich abholen.“

Swami schien nicht zufrieden und sagte: **„Dein Bein ist noch nicht völlig in Ordnung. Du solltest nicht so weit laufen!“**

Dann bat er einen der freiwilligen Helfer, das Auto zu holen. Gerade als der Helfer loslief, um Swamis Auto aus der *Mandir*-Garage zu holen, traf der Heimleiter ein. Swamis weißer Mercedes Benz wurde vor den *Mandir* gefahren.

„Startet frühzeitig, fahrt langsam, kommt sicher an!“

Swami winkte dem Heimleiter und mir zu und bedeutete uns, ins Auto zu steigen. Ich setzte mich nach vorne, der Heimleiter nahm auf dem Rücksitz Platz. Ich hatte erwartet, dass Swami dem Fahrer Anweisung geben würde, uns zum Institut zu fahren, doch Swami setzte sich auch auf den Rücksitz und bat den Fahrer, zum Institut zu fahren! Ich konnte es nicht glauben! Während der Fahrt befragte Swami mich über die Schule in Sathya Sai Grama. Er war dem Heimleiter gegenüber voll des

Lobes über die Schule in Sathya Sai Grama. Swami ließ den Wagen am Eingang zum Institut anhalten und hieß uns aussteigen. Ich bat Swami um seinen Segen für meine Rede und um seine Erlaubnis, nach der Rede nach Sathya Sai Grama zurückkehren zu dürfen. Als wir ausgestiegen waren, segnete Swami uns noch einmal mit erhobener Hand; dann verließ er das Gelände. Swamis liebevolle Geste hatte mein Herz für die bevorstehende Rede inspiriert. Nach der Ansprache fuhr ich zurück nach Sathya Sai Grama.

Die Fülle von Liebe und Gnade, mit der Swami mich in diesem Monat überschüttet hatte, veranlasste mich, über die Prioritäten in meinem Leben nachzudenken. Mein starkes Streben, in Swamis Gegenwart zu leben und ihm zu dienen, das mein Herz beherrscht hatte, bevor ich von Alike nach Muddenahalli übersiedelte, war allmählich untergegangen in der Vergötterung und Bewunderung, die mir von Schülern, Kollegen, Eltern, Dorfbewohnern und der allgemeinen Öffentlichkeit entgegengebracht wurden für das, was in Sathya Sai Grama erreicht worden war. Die zehn Jahre meines Lebens in Sathya Sai Grama waren von Abenteuern und vollbrachten Leistungen erfüllt gewesen und hatten die Intensität der tieferen Bestrebungen meiner Seele verkümmern lassen. Das kleine temporäre Reich, mit dem Swami mich durch Sathya Sai Grama gesegnet hatte, war zu einem Netz geworden, das mich gefangen hielt. Das Ego hatte sich der Belohnungen spirituellen Strebens und seiner Segnungen bemächtigt. Der Grünschnabel, der auf der Suche nach Freiheit das Nest der Mutter verlassen hatte, lief nun Gefahr, sich in den selbst produzierten Fesseln seines eigenen Tuns zu verfangen. Doch der gnädige Gott hatte das Streben dieses zerbrechlichen Menschen nicht vergessen, obwohl dieser vergaß, worum er gebeten hatte!

Swami vertrieb den Schlummer meiner Seele durch die Flut seiner Liebe und Barmherzigkeit und entzündete so erneut den Funken wahren Suchens in meinem Leben. In meinen Ohren erklangen wieder Swamis Worte, die er vor fast achtzehn Jahren zu mir gesprochen hatte: **„Swami wird dich näher und näher heranholen. Er wird dir die glückliche Gelegenheit geben, ihm zu dienen."**

Und dann waren da auch Annas Worte, als ich in Alike mit Typhus im Bett lag: „Ich habe nicht das Recht zwischen dich und Swami zu treten. Dein Vertrauen wird dich sicher heilen! Du gehörst Swami; er wird sich um dich kümmern." Ich begann wieder, um diese göttliche Nähe zu beten. Dieses Gebet wurde zu einer geheimen Besessenheit meines Herzens. Keiner meiner Leute in Sathya Sai Grama oder Chikballapur hätte mein Gebet gutgeheißen. Unsere Bindung war gegenseitig. Meine tiefe Zuneigung für sie verband sie mit mir und ihre Liebe wiederum verband mich mit ihnen. Nach einem Jahr wurde mein Gebet erhört. Zuvor besuchte Swami noch zweimal Sathya Sai Grama. Das erste Mal kam er am 10. Januar 1983. An diesem Tag verbrachte Swami viel Zeit mit uns. Nachdem er zu den versammelten Schülern und Lehrern gesprochen hatte, sprach er noch einmal gesondert nur zu den Lehrern.

Sein nächster Besuch am 19. Mai 1983 war etwas Besonderes. Es war während der Sommerferien. Er kam von Brindavan nach Sathya Sai Grama, um ein spirituelles Treffen von *Tyāga Jīvis* aus Alike und Muddenahalli zu eröffnen. Nach der Eröffnungsfeier fuhr er zurück nach Brindavan. Swamis Eröffnungsrede vor den Aspiranten, die ein lebenslanges Zölibat lebten, war einzigartig. Bevor Swami seine Rede hielt, sprach Shrī Kasturi, der Swami begleitet hatte, zu den versammelten *Brahmacārins*, die zum größten Teil Lehrer waren. Swami sprach auf Kannada und sang zu Beginn seiner inspirierenden Rede eine sehr schöne Komposition eines großen Heiligen aus Karnataka. Swami hatte das Lied leicht verändert, damit es für die Lehrer passte. Er sang:

„Der Lotos ist der Schmuck des Wassers;
Die Welle ist die Zierde des Meeres;
Tugendhaftigkeit ist das Schmuckstück einer Frau;
Der Mond erhöht die Schönheit des Himmels;
Und für einen Lehrer ist ein guter Charakter das Wichtigste!“

Dann sagte Swami:

„Für einen Lehrer ist es außerordentlich wichtig, dass er den rechten Weg geht. Kasturi sagte, dass auf dem Gebiet der Bildung eine Veränderung stattfinden muss. Aber welche Art von Veränderung brauchen wir heute? Es gab schon viele politische, wirtschaftliche, soziale und wissenschaftliche Reformen. Doch wenn das Gemüt nicht transformiert wird, sind alle Reformen sinnlos. Eine spirituelle und moralische Transformation sollte die Grundlage für eine Veränderung des Gemütes bilden.

Das Gemüt ist unbeständig und launenhaft. Zunächst einmal sollten wir das Gemüt beherrschen. Das Gemüt ist nicht unabhän-

gig; es ist auf die Sinne angewiesen. Um also das Gemüt beherrschen zu können, müsst ihr zuerst die Sinne unter Kontrolle bringen. Es gibt vier wichtige Dinge für einen Aspiranten: *Indriyanigraha*, *Manonāshana*, *Vāsanākshaya* und *Tattvajnāna* – Beherrschung der Sinne, Überwindung des Geistes, Beseitigung sinnlicher Wünsche und die Erkenntnis des Wesenhaften. Wenn ihr diese Vier beherrscht, wird Ātmajyoti, das Licht des *Atman*, in eurem Herzen erstrahlen.

Es ist leicht, über diese Dinge zu sprechen, aber es ist schwierig, sie umzusetzen. Es ist besser, eine Tugend zu praktizieren, als über zehn Tugenden zu sprechen. Die Lehrer von Loka Seva Vrinda sollten der Welt diesbezüglich ein Vorbild sein. Dazu brauchen sie *Ekāntavāsa.* Die Leute glauben *Ekāntavāsa* bedeute, dass man in Einsamkeit leben müsse. Aber das stimmt nicht. *Ekāntavāsa* heißt nicht, dass man alleine in einem Zimmer sitzen und meditieren muss. Selbst in der Gesellschaft von vielen Menschen sollte euer Geist auf ein Ziel ausgerichtet sein, und zwar auf Gott. Das ist wahres *Ekāntavāsa*. Was immer ihr tun, sagen oder hören mögt, es sollte liebevoll Gott dargebracht werden. Das ist die wahre Anstrengung, die man auf dem spirituellen Weg machen muss.

Ihr solltet nur eure Beziehung zu Gott pflegen; ihr solltet nur an Gott gebunden sein. ‚Brahmavid brahmaiva bhavati' – ‚Wer *Brahman* kennt, wird selbst zu *Brahman*.' Es genügt nicht, wenn ihr euren Kopf mit akademischen Themen anfüllt; ihr solltet auch euer Herz mit Liebe füllen. Dann wird es euch leicht fallen, die Persönlichkeit der Jungen zu formen. Diese Studenten sind die *Kāmaputras* ihrer Eltern. Doch für euch sind sie *Premaputras*. Ich sage euch das, was ich selbst praktiziere. Mein Leben ist meine Botschaft. Ihr solltet die Einheit von Gedanke, Wort und Tat erreichen. Ein Lehrer, der nicht praktiziert, was er lehrt, ist wie Falschgeld. Ein guter Charakter und gutes Benehmen sollten für einen Lehrer das absolute Lebensprinzip sein. Ein wahrer Lehrer sollte nicht nach Geld und Macht streben; er sollte sich nur nach der göttlichen Gnade sehnen.

Nur die göttliche Gnade kann euch helfen, von den *Pancadoshas*, den fünf Fehlern, befreit zu werden. Diese fünf Fehler sind: *Shravanadosha*, *Drishtidosha*, *Manodosha*, *Vācdosha* und *Kriyādosha*. Nur wenn ihr diese fünf Fehler beseitigt, könnt ihr Gott erkennen.

Das große Ziel des Lebens ist nicht das Wissen, sondern die Handlung. Wissen ohne Handlung ist sinnlos und Handlung ohne Wissen ist dumm. Auf der Bühne sind heutzutage alle Helden (heroes), aber im praktischen Leben sind sie Versager (zeroes). Die Lehrer sollten tun, was sie sagen, denn sonst werden die Schüler sie nicht respektieren und nichts von den Lehrern lernen.

Was ist *Brahmacārya*? Man kann nicht alle Unverheirateten als *Brahmacārins* bezeichnen. Es können nur diejenigen als *Brahmacārins* bezeichnet werden, die sich der Glückseligkeit des *Brahman* bzw. Gottes erfreuen. Hanumān war ein solcher *Brahmacārin*. *Kamini* und *Kanchana*, Frauen und Gold, sind die zwei Hindernisse auf dem Weg der *Tyāga Jīvis*. Ihr solltet die Gesellschaft von Frauen nicht reizvoll finden. In unseren heiligen Schriften wird gesagt, dass ein *Brahmacārin* nur eine enge Beziehung zu seiner Mutter haben kann, aber nicht zu anderen Frauen. Die Frau ist wie Feuer und der Mann wie Butter. Die Männer sollten deshalb im Umgang mit Frauen sehr vorsichtig sein; ebenso sollten Frauen im Umgang mit Männern vorsichtig sein. Auf dem spirituellen Weg ist die Beherrschung der Sinne von großer Wichtigkeit. Beherrschung der Sinne heißt nicht, sie zu unterdrücken; es bedeutet vielmehr, dass man die Sinne mit einem Gefühl der Hingabe an Gott für rechtschaffene Handlungen nutzt. Es ist natürlich, dass ihr unangebrachte Gefühle bekommt, wenn ihr in der Welt lebt, aber ihr solltet diese unangebrachten Gefühle nicht in die Tat umsetzen.

Es ist sehr wichtig für Lehrer, dass sie Disziplin und Regeln beachten. Sie sollten die rechten Dinge zur rechten Zeit am rechten Ort und auf die richtige Weise tun. Es ist nicht ihre Aufgabe, lediglich akademisches Wissen zu vermitteln; sie müssen auch den Geist der Schüler verändern. Die Schüler können sich dieses Wissen durch Bücher aneignen, doch sie werden nur dann den richtigen Charakter bekommen, wenn die Lehrer ihnen Vorbilder sind, denen sie folgen können. Es ist eine wichtige Pflicht des Lehrers durch rechte Anstrengung auf dem spirituellen Pfad göttliche Glückseligkeit zu erfahren und diese dann mit den Schülern zu teilen.

Ich möchte, dass ihr alle das edle Leben lebt, das ihr gelobt habt zu leben und dem ihr euch geweiht habt! Ich gebe euch meinen Segen hierzu."

Swamis Rede inspirierte uns dazu, unser Leben erneut dem großen Ideal zu weihen: Selbstverwirklichung und selbstloser Dienst für die Welt. Sie fachte auch die brennende Flamme des Verlangens in meinem Herzen nach größerer Nähe zu Gott an. Mein Gebet zu Swami, er möge mich näher zu sich heranholen, wurde zu einem Großbrand, der meine Seele verzehrte. Und die Antwort kam bald.

Der Ansturm für die Zulassung zur Schule im Juni 1983 war sehr ungewöhnlich. Es kamen Schüler aus ganz Karnataka und auch einige aus den benachbarten Bundesländern. Als das akademische Jahr begann, wurde mir klar, dass die Schule, die wir vor zehn Jahren ins Leben gerufen hatten, den Kinderschuhen entwachsen war. Dank der göttlichen Gnade hatte sie sich gut entwickelt und großes Ansehen erworben. Mir kamen Swamis Worte in den Sinn, die er im Juni 1970 zu einem älteren Mitglied des Loka Seva Vrinda Komitees gesagt hatte: **„Die Schule wird in ein paar Jahren erfolgreich sein und sich einen guten Namen und Ansehen verdienen; doch dann wird niemand von denen, die heute hier sind, noch zu dieser Schule gehören!"**

Die Prophezeiung war wahr geworden, von meiner Gegenwart in der Schule abgesehen! Ich dachte, dass nun die Zeit gekommen war, um die Prophezeiung vollständig zu erfüllen!

Es war Mittwoch, der 3. August 1983. Nach den *Gurupūrnima*-Feierlichkeiten in Prasanthi Nilayam war Swami nach Whitefield zurückgekehrt. An diesem Morgen war ich mit einem Kollegen auf dem Bauernhof von Sathya Sai Grama und sprach mit ihm über die Wurmplage, die die Kokospalmen befallen hatte; sie war damals in der ganzen Gegend verbreitet. Gegen zehn Uhr kam einer der Jungen, die im Büro arbeiteten, und berichtete, dass ein dringender Telefonanruf aus Brindavan gekommen war. Damals gab es noch keine direkten Ferngespräche. Ich eilte zurück ins Büro; ich war sicher, dass es eine Nachricht von Swami war. Nach ein paar Minuten kam wieder ein Anruf. Es war der Heimleiter des Jungenwohnheims in Brindavan. Mit klopfendem Herzen fragte ich ihn: „Sai Ram, Sir. Es tut mir leid, dass ich nicht im Büro war, als Sie anriefen. Bitte, sagen Sie mir, worum es geht!"

„Sai Ram, Sir. Swami möchte, dass Sie heute herkommen."

Ich war ganz aufgeregt vor lauter Freude und Erwartung, aber auch ängstlich; ich wollte wissen, warum Swami mich rief, und fragte ihn: „Darf ich fragen, warum ich gerufen werde?"

Meine Ängstlichkeit war offensichtlich; jeder konnte das verstehen. Er antwortete: „Bitte kommen Sie! Swami wird es Ihnen sagen … Es ist besser, es von Swami selbst zu hören!“

Er war ein guter Diplomat. Aber ich war so ungehobelt, weiter zu fragen: „Können Sie mir einen Hinweis geben? Das würde meine Angst vertreiben!“

„Ich glaube, sie werden eine neue Aufgabe bekommen. Bitte kommen Sie! Sai Ram!“

Nach der Unterhaltung durchflutete mich eine unterschwellige Freude. Intuitiv spürte ich, dass meine Tage in Sathya Sai Grama sich dem Ende näherten.

Damals wohnte Swami in „Devi Nivas“; der alte Bungalow war abgerissen worden und an derselben Stelle enstand nun „Trayee Brindavan“. „Devi Nivas“ war der Wohnsitz der Königin von Nawanagar (Rajmata) und lag in unmittelbarer Nähe vom *Ashram*, zwischen *Ashram* und College. Die Rajmata war eine hingebungsvolle Devotee von Swami. Swami hatte ihr Gebet erhört, er möge während der Bauarbeiten von „Trayee Brindavan“ in „Devi Nivas“ wohnen.

Gegen vier Uhr nachmittags wurde ich vom Heimleiter zu Swami gebracht, der sich in der Halle im Erdgeschoss aufhielt. Viele Lehrer des Institutes saßen schon mit Swami in der Halle. Die meisten saßen vor Swami auf dem Boden und die älteren Lehrer auf den Sesseln, die um Swamis Stuhl herumstanden. Links von Swami war ein Sessel frei. Als ich die Halle betrat, begrüßte Swami mich mit einem wohlwollenden Lächeln. Ich fiel ihm zu Füßen und wollte mich dann auf dem Boden niederlassen, doch Swami zwang mich, auf dem leeren Sessel Platz zu nehmen. Ich hielt das bekannte Buch von Plato „Die letzten Tage des Sokrates“ in der Hand. Swami nahm es und betrachtete den Titel. Er begann eine Diskussion über die korrekte Aussprache des Namens „Sokrates“. Swami machte eine abschließende Feststellung zum Thema, und danach ging es um das Leben und die Lehren des großen griechischen Philosophen. Swami gab neue Einblicke in die Lehren des Philosophen. Die bange Frage meines Herzens, warum ich gerufen worden war, blieb weiter bestehen. Als die Unterhaltung beendet war, stand Swami auf und sagte: **„Es ist Zeit, *Darshan* zu geben!“**

Er gab mir ein Zeichen, ihm zu folgen und ging dann in den Essraum. Swami setzte sich auf einen Stuhl am Esstisch und bat mich, neben ihm Platz zu nehmen. Ich wollte in seiner Gegenwart stehen bleiben. Als ich mich zögernd hinsetzte, umhüllte mich eine „Freude, die jegliches Verstehen überschreitet". Der Augenblick der Wahrheit in meinem Leben war gekommen. Swami hielt zärtlich meine Hände und fragte mich: **„Wenn ich dich bitte, als Heimleiter nach Prasanthi Nilayam zu kommen, wirst du dann kommen?"**

Mein Herz hüpfte vor Freude. Ich sagte: „Ja, Swami! Du brauchst es mir nur zu befehlen, das ist alles! Ich bin dein, und ich werde freudig alles tun, worum du mich je bittest!"

Swami war sehr glücklich über meine Antwort und sagte: **„Ich bin sehr glücklich; ich wusste, dass du das sagen würdest. Wann kannst du kommen?"**

„Wann immer du willst, Swami!"

„Aber wir müssen erst einige Vorkehrungen für Sathya Sai Grama treffen. Wer wird dich dort ersetzen können?"

„Swami, Sathya Sai Grama ist dein! Wer auch immer von dir ausgewählt wird, wird der Aufgabe gerecht werden!"

„Aber was ist deine Meinung?"

„Swami, der Rektor des Junior Colleges ist zurzeit mein Vertreter. Er ist ein fähiger Mann."

„Hol deine Leute von Alike und Muddenahalli hierher und lass uns eine Entscheidung treffen! In ein paar Tagen fahre ich nach Prasanthi Nilayam. Du kannst mit mir kommen!"

Mein ganzes Wesen war von Glück erfüllt und ich sagte: „Swami, ich danke dir für deine Gnade, dass du mir dieses große Geschenk deiner göttlichen Nähe (divya sannidhi) gewährst. Bitte gib mir die Kraft, deinen Erwartungen gerecht zu werden!"

Ich fiel ihm zu Füßen und bat um seinen Segen. Swami fragte mich: **„Wann werden deine Leute hier sein?"**

„Swami, sie werden morgen hier sein."

„Wunderbar!"

Swami stand auf, ging in die Halle und ließ den Wagen vorfahren. Dann fuhr er zum *Ashram* und gab den Devotees im „Sairam Shed" *Darshan*.

Der Vorsitzende der Sri Sathya Sai Loka Seva Institutionen und einige ältere Mitarbeiter aus Alike und viele meiner Kollegen aus Sathya Sai Grama waren am nächsten Morgen zur *Darshan*-Zeit in Brindavan versammelt. Vor Swamis Eintreffen erklärte ich ihnen, warum Swami sie gerufen hatte. Die Reaktionen waren gemischt. Meine Kollegen aus

Sathya Sai Grama ließen mich sehr ungern gehen! Inzwischen traf Swami ein, gab *Darshan* im „Sairam Shed" und rief uns dann in die *Kalyana Mantapam*. Er erkundigte sich zuerst nach den Institutionen und betonte dann, wie wichtig es ist, die Aufmerksamkeit immer auf das höchste Ziel des Lebens auszurichten, ohne sich von den Phantasiegebilden der Welt fesseln zu lassen. Als Swami erklärte, dass er mich nach Prasanthi Nilayam mitnehmen wolle, begann der Rektor des Jungen-College von Sathya Sai Grama zu weinen. Swami sah ihn voller Mitgefühl an und sagte: **„Sieh, ich nehme Narasimha Murthy mit nach Prasanthi Nilayam, weil er darum gebetet hatte. Du solltest dich freuen, dass ihm ein solches Glück gewährt wird. Stell dich ihm nicht in den Weg! Du solltest dich auch nach einem solchen Segen sehnen und darum beten!"**

Dann sah Swami mich an und fragte: **„Ist es nicht so?"**

„Ja, Swami. Was könnte ich mehr erbitten? Ich bin dir sehr dankbar", antwortete ich.

Dann sagte der Rektor: „Swami, bitte vergib mir. Ich werde immer freudig deinen Befehlen gehorchen. Ich wurde nur für einen Augenblick von Emotionen überwältigt."

„Ich weiß. Es ist nicht schlecht, guten Menschen verbunden zu sein. Aber es sollte dem eigenen Erfolg auf dem Weg zu Gott nicht im Wege stehen. Du wirst dich in Zukunft um Sathya Sai Grama kümmern müssen!", sagte Swami zu dem Rektor; er segnete ihn und ließ ihn *Padanamaskar* nehmen.

Swami stand auf und wir verbeugten uns alle vor ihm. Swami sagte zu mir: **„Sei bereit!"**, und ging dann hinaus. Wir folgten ihm.

Auf der Rückfahrt nach Sathya Sai Grama sagte unser Rektor zu mir: „Bruder Murthy, werde ich deine Verantwortung für Sathya Sai Grama angemessen übernehmen können? Ich traue mir das nicht so recht zu."

Ich erwiderte: „Bruder, wenn du sagst, dass du nicht kompetent genug dazu bist, dann spiegelt das meine eigene Inkompetenz wider. Ich denke, wir haben lange genug zusammengearbeitet, dass du der Aufgabe gewachsen bist. Und außerdem, wenn Swami dir eine Aufgabe überträgt, dann wird er dir auch ganz sicher die nötige Kraft geben, diese Aufgabe zu erledigen. Du hast keinen Grund zaghaft zu sein!"

Viele andere Kollegen und Freunde in Sathya Sai Grama hatten ähnliche Gefühle. Ich tat mein Bestes, sie zu trösten. In den nächsten Tagen traf ich alle Vorbereitungen für meine Abreise von Sathya Sai Grama und übertrug meine Verantwortlichkeiten auf den Rektor und die anderen Kollegen. Sie baten mich um Rat und wollten von mir hören, wie sie die Institutionen leiten sollten; ich beriet sie gerne. Ich führte sie über das große Schulgelände und zeigte ihnen jeden Grenzstein. Ich beschrieb ihnen auch die Meilensteine für die Weiterentwicklung von Sathya Sai Grama. Dann besuchte ich meine Eltern und bat um ihren Segen. Sie waren sehr glücklich.

Als ich am Sonntagmorgen, dem 7. August 1983, aufwachte, fühlte ich eine unerklärliche Freude mein Herz durchfluten. Gegen neun Uhr kam Swami und blieb nur eine halbe Stunde. Ich sagte Sathya Sai Grama „Auf Wiedersehen" und fuhr mit meinem geliebten Swami nach Prasanthi Nilayam. Der gnädige Gott hatte meinen edelsten Herzenswunsch erfüllt, und ich war von *Divya Kripasraya* zu *Divya Sannidhi* aufgestiegen!

In „Divya Sannidhi" im Prasanthi Nilayam Wohnheim

18. Kindliche Unschuld und die Weisheit der Weisen

Es war das größte Glück meines Lebens, Swami am Ende meiner Teenagerjahre zu begegnen und danach unter seiner göttlichen Führung zu stehen. Durch Swamis Gnade und auch weil ich einige Jahre lang in Prasanthi Nilayam und in Brindavan in seiner Nähe leben konnte, lernte ich viele gute Menschen und viele Persönlichkeiten aus den verschiedensten gesellschaftlichen Gruppierungen kennen. Ich hatte auch die Gelegenheit, mit einigen von ihnen leben und arbeiten zu dürfen.

Anna nahm als Führer und Mentor eine ganz besondere Stellung in meinem Leben ein. Ich lebte und arbeitete zwölf Jahre lang unter seiner wohlwollenden und gütigen Führung, was mein Leben in dieser Zeit erheblich bestimmte.

Ich wurde noch von zwei anderen guten und wundervollen Persönlichkeiten auf meinem Weg zu Gott inspiriert. Der eine ist der „Großvater" der Shrī Sathya Sai Literatur und ein leuchtender Stern auf dem Gebiet der humoristischen Kannada-Literatur: Shrī N. Kasturi. Der andere ist eine Größe in der Kannada-Literatur und nimmt einen besonderen Platz unter den Englisch schreibenden Indern ein: Dr. Vinayak Krishna Gokak. Beide waren bedeutende und inspirierende Lehrer und Philosophen. Beide waren auch großartige Redner. Nachdem sie Swami begegnet waren, gaben sie sich ihm hin und lebten bis zu ihrem Ende nur noch gemäß Swamis Führung. Beide waren von einer kindlichen Unschuld beseelt, die zur Weisheit, wie sie Weise besitzen, erblühte.

Bevor Kasturi zu Swami kam, war er ein glühender Verehrer Shrī *Ramakrishna Paramahamsas*, und Gokak war ein treuer Anhänger Shrī Aurobindos. Symbolisch gesehen waren Kasturi und Gokak zwei Blumen, die Shrī *Ramakrishna* und Shrī Aurobindo auf Swamis Altar darbrachten. Gokak schrieb in seinem Buch „*Bhagavān* Shrī Sathya Sai Baba – der Mensch und der Avatar": „Babas Universalität ist Ehrfurcht einflößend. Ihm ist es gleichgültig, von welchem Meister ein Anhänger kommt. Für ihn sind alle gleich. Er wird für jeden Anhänger zu dem Meister, dem er ursprünglich gefolgt war."

Kasturi und Gokak kamen viele Male nach Sathya Sai Grama, als ich dort war. Nachdem ich im August 1983 nach Prasanthi Nilayam übergesiedelt war, wurden meine Beziehungen zu beiden enger. Ich bin glücklich, dass ich mich ihrer Liebe und Zuneigung erfreuen durfte und in einer wichtigen Phase – nach Annas Dahingehen – ihre wertvolle Führung bekam.

Kasturis Beziehung zu Swami war einzigartig. Er kam 1948 zum ersten Mal zu Swami. Damals war Swami erst 22 und Kasturi 51 Jahre alt. Als Kasturi 1987 im reifen Alter von 90 Jahren starb, war Swami 66. Bereits im ersten Interview prophezeite Swami Kasturi, dass dieser das große Glück haben werde, Swamis Biographie zu schreiben!

Der „liebevolle Gott" und sein auserwählter Biograph

Fast vierzig Jahre lang hatte Kasturi Gelegenheit, in Swamis göttlicher Gegenwart zu leben und aus nächster Nähe die Entfaltung des *Avatars* zu beobachten und über die wichtigen Meilensteine in seinem Leben sprechen und schreiben zu können. Hier folgt eine Begebenheit, die ein Licht auf seine einzigartige Beziehung zu Swami wirft:

Es war an einem sonnigen Morgen in Prasanthi Nilayam im Jahr 1980. Einige von uns saßen nach den Bhajans vor der Türe zum *Mandir*. Swami war im Auto zur Baustelle von „Vidya Giri" gefahren, dem neuen Ausbildungsinstitutsgelände. Als er zurückkam, sah er drei von uns vor der Türe sitzen und rief uns in den Interviewraum. Swami betrat den Raum nach uns und war gerade im Begriff, die Türe zu schließen, als Kasturi kam, der Swami im Auto begleitet hatte. Kasturi stand draußen. Swami lächelte ihm zu und sagte auf Telugu: **„Sieh,**

Kasturi, hier sind nur ‚*Mūrtis*' versammelt – Krishna Murthy, Sathya Murthy und Narasimha Murthy."

Dann zeigte er auf sich selbst und fuhr fort: **„Und das hier ist auch ein *Mūrti*! Hier drinnen ist kein Platz für Kasturi!"**

Da erst merkten wir, dass in der Tat alle Anwesenden *„Mūrtis"* waren bzw. „Murthy" hießen! Aber Kasturi ließ sich nicht abhalten; er war bekannt für seine Schlagfertigkeit und erwiderte ebenfalls auf Telugu: „Swami, wenn ich auch reinkomme, dann wird die Runde „pūrti" sein."

Im Telugu heißt „pūrti" vollständig, komplett! Swami lachte herzlich und ließ Kasturi hereinkommen!

Kasturi spricht in der göttlichen Gegenwart in Sathya Sai Grama – 1983

Kasturi war ein *Karmayogī*. Er fand Erfüllung darin, auf selbstlose Weise Freude zu verbreiten und all diejenigen, die mit ihm in Berührung kamen, durch seine Worte und seine Schriften zu inspirieren. Alles, was er tat, tat er für Swami. Als Kasturi 1954 nach seiner Tätigkeit an der Universität von Mysore in den Ruhestand trat, bot die Regierung ihm den Posten des Direktors der „All India Radio"-Station in Bangalore an. Doch er wollte sich in Prasanthi Nilayam niederlassen und Swami dienen. Als er zu Swami ging, um die Zustimmung zur Ablehnung dieses Angebotes einzuholen, sagte Swami ihm, er solle den Posten annehmen. Kasturi bat inständig: „Swami, ich sehne mich danach, dir zu dienen; ich möchte für dich arbeiten!"

Swami fragte ihn: **„Kasturi, glaubst du, die Arbeit bei ‚All India Radio' sei nicht für mich?"**

Da begriff Kasturi, dass alles in der Welt Gott gehört, und dass alle Arbeit für Gott getan werden sollte. Das war die Kernaussage von *Karmayoga*. Swami erlaubte ihm erst, sich in Prasanthi Nilayam niederzulassen, als er seine Aufgabe bei „All India Radio" in Bangalore beendet hatte. Kasturi hatte viele Posten inne in der *Ashram*-Leitung. Einmal war er gleichzeitig Postmeister, Leiter der Druckerei und Verleger der Monatszeitschrift „Sanathana Sarathi"! Doch am liebsten sprach und schrieb er über Swami und seine Lehren. Voller Freude erzählte er über einen von Swamis Besuchen in seiner Wohnung in Prasanthi Nilayam. Als Swami an einem Morgen unangekündigt Kasturis Wohnung betrat, spielte dieser gerade mit einer Puppe! Es war ein Bär mit einer Kesselpauke, der, wenn man ihn aufzog, mit zwei Stöcken die Pauke schlug. Swami beobachtete, wie der Bär auf dem Tisch die Pauke schlug und Kasturi wie ein Kind in das Trommelspiel versunken war! Als Kasturi Swami lachen hörte, sprang er auf, um ihn willkommen zu heißen. Swami schubste den Bären mit gespieltem Ärger um und sagte: **„Schau, Kasturi, ich werde das auch mit dir machen!"**

Kasturi sah den Bären auf dem Rücken liegen und weiter die Trommel schlagen; er zeigte auf den Bären und sagte: „Swami, dann werde ich dasselbe tun wie der Bär!"

Er meinte damit, dass er bis ans Ende seines Lebens der Welt die göttliche Ankunft und Swamis Botschaft verkünden werde – was er auch tat!

Kasturi sagte mir mehr als einmal, wie wichtig völlige Hingabe an Swami für diejenigen sei, die mit dem wundervollen Geschenk gesegnet sind, in seiner unmittelbaren Gegenwart zu leben. Er erzählte begeistert, wie Swami allmählich sein Ego und seine Identifizierung mit dem Körper beseitigt und so sein spirituelles Wachstum gefördert hatte. Manchmal brachte Swami das Ego mit einem Sturzbach seiner grenzenlosen Liebe zum Schmelzen; aber er zögerte auch nicht, es mit dem „Messer" zu beseitigen. Kasturi pflegte zu sagen: „Swami ist ein wahrer Guru, der sehr daran interessiert ist, dass seine Devotees spirituelle Fortschritte machen, und das macht ihn zu einem strengen Lehrmeister, besonders für diejenigen, die in seiner nächsten Nähe leben." Es ist sowohl für den Schüler wie für den Meister eine schmerzvolle Erfahrung, wenn „das Messer angesetzt" wird, um spirituelle Fortschritte zu erzielen. Kasturi zitierte oft Swamis Worte diesbezüglich: **„Ich bin *Natarāja,* der Meister des Tanzes, der Erste. Ihr seid alle Tanzschüler. Nur ich kenne die Qualen, die es verursacht, euch jeden Tanzschritt beizubringen!"**

Kasturi ertrug viele Male die spirituellen chirurgischen Eingriffe durch den göttlichen Meister. Aber er glaubte fest daran, dass das, was Swami tat, geschah, um ihm das höchste Geschenk der Einheit mit Gott zu gewähren. 1980, während der Feierlichkeiten zu Swamis 55. Geburtstag hatte ich die Gelegenheit, vierzehn Tage mit Kasturi zu verbringen. Er war damals der Vorsitzende der Sri Sathya Sai Seva Organisationen in Karnataka. An einem Nachmittag war er in den *Mandir* gegangen, um Swami zu treffen; aber er war innerhalb weniger Minuten wieder zurück, was sehr ungewöhnlich war. Normalerweise blieb er nachmittags wenigstens eine Stunde lang bei Swami. Er betrat still den Raum und ließ sich in den Sessel fallen, sein Gesicht mit beiden Händen bedeckend. Schweigend saß er länger als zehn Minuten dort, und dann erzählte er mir, was geschehen war. Swami hatte ihn für einen Fehler im Zusammenhang mit seinen Pflichten als Vorsitzender der Seva-Organisation streng gerügt. Er war betrübt, dass er während der Geburtstagsfeierlichkeiten durch diesen Fehler Swamis empfindsames Herz verletzt hatte. Er glaubte, dass seine Position als Vorsitzender seiner guten Beziehung zu Swami im Wege stand. Fast drei Tage lang war er zutiefst verzweifelt. Nach den Geburtstagsfeierlichkeiten erzählte er mir glücklich, dass Swami ihm vergeben hatte und wie die Begnadigung abgelaufen war. Da ich des Öfteren gehört habe, wie er diese Geschichte in der Öffentlichkeit erzählte, will ich sie hier in seinen eigenen Worten wiedergeben:

„Zwei Tage nach Swamis Geburtstag ging ich zu ihm und bat demütig: ‚Swami, bitte vergib mir, wenn ich etwas Falsches getan habe. Bitte, befreie mich vom Amt des Vorsitzenden, damit ich als einfacher Wurm zu deinen Lotosfüßen leben kann!'

Swami starrte mich eine Weile lang an und sagte dann: **‚Kasturi, warum nennst du dich einen Wurm? Wenn du so denkst, warum glaubst du dann, als Vorsitzender seiest du kein Wurm? Was für**

einen Unterschied macht das? Vorsitzender zu sein ist völlig in Ordnung. Der Fehler liegt in deinem Denken. Du glaubst, deine Arbeit als Vorsitzender beeinflusse deine Stellung! Eine solche Denkweise wird vom Ego verursacht.‘

Ich fiel ihm zu Füßen und bat ihn um Vergebung. Swami lächelte und sagte: **‚Mach dir keine Sorgen, tue korrekt deine Pflicht. Du bist kein Wurm, und außerdem: Gott ist auch im Wurm. Warum setzt du ihn so herab? Erkenne, dass du göttlich bist!‘ “**

Dann fügte Kasturi gewöhnlich hinzu: „Hätte ich in irgendeinem anderen *Ashram* so gedient, wie ich hier gedient habe, dann hätte der Leiter des *Ashrams* mich ruiniert, indem er mein Ego mit Titeln wie ‚Juwel unter den Schülern‘ oder ‚Größter aller Devotees‘ geehrt hätte. Aber Swami ist mir gnädig. Er hat mir die höchste Erfüllung im Leben gewährt!“

Swami gewährte Kasturi in den letzten Augenblicken seines Lebens, am 14. August 1987 in Prasanthi Nilayam die Gnade seines *Darshans*, *Sparshans* und *Sambhashans*. Ist dies nicht die höchste Erfüllung, die ein Mensch erstreben kann?

Swami war an jenem Morgen ins Auditorium im Institut gefahren, um eine Schauspielprobe der Schüler zu leiten. Das Schauspiel sollte am 21. August, anlässlich des dritten Jahrestages der Einführung von Management-Kursen im Institut aufgeführt werden. Mitten in den Proben, um 11.30 Uhr, stand Swami plötzlich auf und fuhr ins Krankenhaus. Kasturi, der dort eingeliefert worden war, war den ganzen Morgen fast bewusstlos gewesen. Swami betrat Kasturis Zimmer und sah sich um. Es herrschte absolute Stille, abgesehen von einem Geräusch im Badezimmer, wo Wasser in einen Eimer tröpfelte. Swami bat einen der Anwesenden, auch dieses Geräusch abzustellen. Dann trat er an Kasturis Bett und rief mit sanfter Stimme: **„Kasturi!“**

Kasturi, der an diesem Morgen auf keinerlei Ansprache reagiert hatte, öffnete langsam die Augen und sah den Herrn an. Swami materialisierte *Vibhuti* und gab sie ihm in den Mund. Kasturi schloss die Augen und tiefer Friede umgab ihn. Swami bat die Anwesenden, den Namen des Herrn zu rezitieren und verließ dann den Raum. Eine Stunde später tat Kasturi seinen letzten Atemzug. Der Fluss war mit dem Meer eins geworden. Die Neuigkeit verbreitete sich rasch, und eine Flut von Devotees kam, um Kasturi im Krankenhaus die letzte Ehre zu erweisen. Am nächsten Morgen wurden seine sterblichen Überreste von Studenten, die

die Veden und Bhajans sangen, in einer Prozession zum Chitravati-Fluss gebracht und verbrannt.

Als im August 1969 im Carlton Haus in Bangalore Gokaks sechzigster Geburtstag gefeiert wurde, verglich Swami ihn in seiner Rede mit dem Weisen Vasishtha und sagte außerdem, Gokak habe die tolerante Sichtweise und den ausgeprägten Intellekt des Weisen Vyāsa. Gokak war sowohl physisch als auch geistig und spirituell eine große Persönlichkeit. An einem Abend im Jahr 1979 bekam ich einen Einblick in die Erhabenheit seiner Gedanken. Swami war zu der Zeit in Brindavan. Swami hatte sich für die Nacht zurückgezogen und wir saßen auf einer Bank im Garten vor dem Brindavan-*Mandir*. Gokak verfasste damals gerade sein Kannada-Epos „Bhārata Sindhu Rashmi". In dem Epos ging es um Leben und Gedankengut von Weisen und Königen in vedischen Zeiten. Während unserer Unterhaltung fragte ich ihn: „Sir, wann wird ‚Bhārata Sindhu Rashmi' veröffentlicht?"

Er beantwortete meine Frage nicht sofort, sondern dachte eine Weile nach, sah zum Himmel hoch und sagte dann: „Narasimha Murthy, sieh dir den Himmel an!"

Ich sah zum Himmel hoch; es war die Zeit der Abenddämmerung und die Sterne begannen zu funkeln. Während ich so hochschaute, fragte Gokak mich: „Was siehst du dort oben?"

„Sir, ich sehe Sterne, die gerade am Himmel sichtbar werden!"

„Narasimha Murthy, es sind nicht nur Sterne, die am Himmel sichtbar werden; es ist ein Epos, das Gott verfasst! ... Wenn am Morgen die Sonne aufgegangen ist, kannst du die Sterne dann noch sehen?"

Ich fühlte mich durch die Herrlichkeit seines Gedankens erhoben und antwortete: „Nein, Sir!"

„Gott schreibt dieses große Epos jeden Abend an den Himmel und wischt es jeden Morgen wieder fort. Es ist wie das göttliche Kind, das sein Gedicht auf eine Schiefertafel schreibt und sie nach einer Weile wieder sauber wischt. Hat er den Wunsch, das zu veröffentlichen?" Mich überkam himmlische Freude. Da ich keine Antwort auf seine Frage wusste, schwieg ich.

Er fuhr dann selbst fort: „Er schreibt dieses herrliche Epos aus lauter Lebensfreude an den Himmel, nicht wahr?"

„Ja, Sir!"

„Es ist ihm egal, ob jemand die himmlische Schönheit seiner Schöpfung betrachtet! Ist es nicht so?"

„Ja, Sir!"

„Nur wir Menschen wollen unsere kleinen Schöpfungen veröffentlichen, nicht wahr?"

„Ja, Sir!"

„Weißt du warum?"

„Bitte erklären Sie es mir, Sir!"

„Weil wir noch nicht die vollkommene Lebensfreude gefunden haben!"

Sein edles Denken und Fühlen beschämten mich ganz und gar, und ich bekam eine Ahnung von der Erhabenheit der vollkommenen Freude, über die er sprach. Unsere Unterhaltung löste sich in Schweigen auf und mündete ins Nichts.

Gokak hatte 1965 in Hyderabad Swamis ersten *Darshan.* Damals war er Direktor des Zentralen Instituts für English. Dr. Boorgala Ramakrishna Rao, ein sehr bekannter Politiker und ehemals Gouverneur von Uttar Pradesh, war Swamis Instrument, um Gokak zu sich zu holen. Dr. Ramakrishna Rao war ein glühender Verehrer von Swami; er war auch ein wichtiges Mitglied des „Prashānti Vidwan Mahasabha", das Swami gegründet hatte, um die Werte indischer Kultur neu zu beleben.

Ramakrishna Rao hatte Gokak nach Hyderabad eingeladen und ihn gebeten, in Swamis göttlicher Gegenwart eine Ansprache vor der Sabha-Versammlung zu halten. Gokak machte eine erhebende Erfahrung während seiner Ansprache. Zu Beginn seiner Rede spürte er, wie sein Bewusstsein sich allmählich ausdehnte, und am Ende seiner Rede erlebte er, wie die Gegenwart Gottes die Leere ausfüllte, die in seinem Herzen entstanden war, weil Shrī Aurobindo nicht mehr körperlich auf Erden weilte. Swami war in sein Herz eingedrungen. Gokak sprach später über seine Erfahrung: „Ein *Avatar* kann mühelos in die tiefsten Tiefen der Herzen anderer eindringen; er besitzt die Macht, neue Wege des Denkens und Fühlens zu eröffnen!"

Ein paar Tage nach Gokaks erster Begegnung mit Swami rief Swami ihn und seine Frau zum Interview. Dieses Interview wurde zu einem Meilenstein auf der spirituellen Reise des Ehepaares. Swami hatte das Herz eines Intellektuellen berührt und es geöffnet. Sharada Gokak schrieb später in ihrer Autobiographie: „Es war *Bhagavān* Shrī Sathya Sai Baba, der Gokak veranlasste, der Hingabe und der Liebe mehr Bedeutung in seinem Leben einzuräumen. Baba hatte Gokak die bedeutende Wahrheit beigebracht, dass Hingabe nicht im Gegensatz zu intellektueller Forschung steht.“ Innerhalb eines Jahres hatte Gokak etliche Erlebnisse und auch einige Träume, die ihn überzeugten, dass Swami Shrī Aurobindo und auch die „Mutter“[9] in sich barg.

Als Gokak später nach Bangalore zog und dort das Amt des Vizekanzlers der Universität übernahm, wurde das Band zwischen dem Herrn und seinem Devotee mit jedem Tag enger. Als Gokak seine Aufgaben als Vizekanzler an der Universität von Bangalore und als Direktor des Instituts für weiterführende Studien in Simla erledigt hatte, kam er nach Brindavan, um dort bei Swami zu leben; Swami hatte ihn als Instrument für seine göttlichen Erziehungsexperimente auserwählt. Als Swami dann schließlich die Universität „Sri Sathya Sai Institute of Higher Learning“ mit Hauptsitz in Prasanthi Nilayam gründete, wurde Gokak der erste Vizekanzler. Swami war der Kanzler, und unter seiner Führung formulierte Gokak die Sri Sathya Sai Philosophie der integralen Erziehung.

Der Kanzler leitet den Vizekanzler

[9] „Die Mutter“, eine in Frankreich geborene Russin, die Shrī Aurobindos engste Schülerin wurde und nach dessen Tod den *Ashram* weiterführte.

Gokak war bis zu seinem fünfundsiebzigsten Lebensjahr Vizekanzler. Im August 1984 organisierte Swami eine wunderbare Feier in Prasanthi Nilayam, um ihm und seiner Frau zu seinem 75. Geburtstag zu gratulieren. Gokak sagte in seiner Ansprache: „Ich habe eine wichtige Lektion in meinem Leben gelernt: Mich Swami vollständig hinzugeben und das zu tun, was er mir befiehlt. Ich weiß ganz sicher, dass darin die Erfüllung meines Lebens liegt!"

Ich hatte das große Glück, zu der Zeit, als Gokak Vizekanzler war, als Leiter des Universitätswohnheimes in Prasanthi Nilayam zu arbeiten; in dieser Zeit habe ich auf dem Gebiet der höheren Bildung viel von ihm gelernt. Er führte mich mit geradezu väterlicher Zuneigung. In den ersten Monaten meiner Tätigkeit als Heimleiter fand ich, dass Gokak nicht viel Initiative ergriff, um den Charakter der Studenten zu formen. In meiner jugendlichen Unreife nahm ich mir heraus, ihm zu sagen: „Sir, entschuldigen Sie bitte, wenn ich mich irre, aber ich habe das Gefühl, Sie kümmern sich nicht besonders um die Charakterbildung der Jungen. Ich bin sicher, Sie haben einen Grund dafür!"

Er sah mich mitfühlend an und lächelte: „Narasimha Murthy, ich bin froh, dass du diesen Punkt ansprichst. Ich habe herausgefunden, dass Swami die Persönlichkeit der Studenten am besten formt. Wir sind nur hier, um ihn dabei zu unterstützen. Ich bin sicher, du wirst diese Wahrheit auch bald erkennen. Je eher du das tust, desto besser ist es für die Studenten und auch für dich selbst! ... Wir sollten uns ständig bemühen und dafür sorgen, dass wir nicht zu Hindernissen auf seinem Weg werden!"

Dieser weise Rat gilt für alle, denen die Gnade zuteil wird, in seiner Nähe an einem seiner Projekte mitzuarbeiten!

Mit zwei Dialogen zwischen Swami und Gokak, über die er selbst berichtete, will ich meinen Tribut an Gokak beenden. Einmal fragte Gokak Swami: „Swami, bitte kläre mich darüber auf, welcher Unterschied zwischen dir und Shrī Aurobindo besteht."

„Er war *Vyaktinātha* und ich bin *Lokanātha*!"

Einmal hatte Swami Gokak zum Direktor eines Sommerkurses über indische Kultur und Spiritualität in Brindavan ernannt. Gokak bemerkte, dass Swami während seiner Sommerkursreden umfassend aus den Veden und *Upanishaden* zitierte, wie auch aus den Kommentaren bedeutender Gelehrter, einschließlich einiger aus dem Westen. Er hatte nie gesehen, dass Swami sich zu irgendeiner Zeit mit der vedischen Literatur beschäftigt hätte. In seiner kindlichen Einfachheit wagte er es, Swami zu fragen: „Swami, wann hast du das alles gelernt?“

Swami lächelte und antwortete: **„Gokak, ich habe nicht die schlechte Angewohnheit, Bücher zu studieren und dann aus ihnen zu zitieren! Das Wissen des gesamten Universums ist auch im Kopf eines jeden Menschen. Im menschlichen Gehirn gibt es viele Zentren des Wissens, die jeweils einem bestimmten Wissensgebiet zugeordnet sind. Wenn du lernst, deinen Verstand auf eines dieser Zentren auszurichten, wird sich dir dieses Gebiet erschließen! Auf diese Weise wurden den Weisen früher die Veden enthüllt!“**

Der Intellektuelle in Gokak fühlte sich durch diese Antwort zurechtgewiesen, und demütig fiel er zu Swamis Füßen nieder.

Sri Sathya Sai Institute of Higher Learning

Epilog

In den achtzehn Kapiteln dieses Buches, „Sri Sathya Sai Divya Kripasraya“, habe ich die Meilensteine meiner Lebensreise zwischen 1965 und 1983 beschrieben. Der erste Meilenstein war meine Begegnung mit Swami, als ich neunzehn Jahre alt war, und der letzte war mein Wechsel von Sathya Sai Grama nach Prasanthi Nilayam am 7. August 1983 in Swamis Begleitung. Ich übernahm die Aufgabe als Heimleiter des Jungenwohnheimes, als ich siebenunddreißig Jahre alt war. Die Zeit zwischen neunzehn und siebenunddreißig ist für uns alle eine entscheidende Zeit, besonders für diejenigen, die den spirituellen Weg gehen. Da Swami der Kapitän meines Lebensschiffes war, verlief meine Reise ziemlich reibungslos und zielgerichtet. Ich musste natürlich auch viele Höhen und Tiefen durchleben. Doch Swami war immer da, um mich vor den Fallgruben jugendlicher Schwächen zu schützen.

Als ich Sathya Sai Grama verließ, herrschte dank Swamis göttlicher Gnade und der kompetenten Anleitung durch Anna in meinem Gemüt völlige Klarheit über das Ziel meines Lebens, auch wenn ich noch einen langen Weg vor mir hatte. Ich war mir auch der Hürden und Hindernisse auf dem Weg bewusst.

Im Sommer 1968 war ich in Alike gewesen und hatte die Gelegenheit, mit Anna nach Bangalore zurückzufahren. Unterwegs führte Anna mich nach Shravanabelagola, ein berühmtes Pilgerzentrum der Jain-Sekte im Hassan-Bezirk von Karnataka. Dort steht eine ca. 14 Meter hohe Granitstatue des Gottes Gommateshvara majestätisch auf einem Hügel.

Gommateshvara ist ein Symbol für den Sieg spiritueller Kraft über weltlichen, vorübergehenden Ruhm. Er ist der Inbegriff für das Streben des Menschen nach Beherrschung der Sinne und Überwindung sinnlicher Begierden. Ich war damals zweiundzwanzig und Anna einundvierzig Jahre alt. Während wir die Stufen zum Berg hochstiegen, bat Anna mich, nach rechts zu schauen. In etwa dreißig Meter Entfernung

Gommateshvara – der Bezwinger der Sinne

sah ich ein junges Paar unter einem Baum. Sie waren wahrscheinlich auf ihrer Hochzeitsreise und hatten die Welt um sich herum vergessen. Anna fragte mich: „Was empfindest du bei ihrem Anblick?“

Es war eine unerwartete Situation für mich, und ich platzte heraus: „Anna, ich empfinde Ekel!“

„Kannst du in dieser Szene nicht ein spirituelles Symbol entdecken?“

Anna prüfte mich. Ich fiel bei dem Test durch, indem ich sagte: „Nein, Anna!“

„Kannst du nicht Radha und Krishna in ihnen sehen? ... Symbolisieren sie nicht *Prakriti* und *Purusha*?“

Anna strahlte eine himmlische Freude aus, als er diese Fragen stellte. Mein Herz verstand zwar seine Sprache der Freude, doch in meinem Kopf war Groll. Als wir den Gipfel erreicht hatten, ließ Anna sich neben der gigantischen Granitstatue von „Jina“, dem Bezwinger der Sinne, nieder und hieß mich neben ihm Platz nehmen. Er sprach mit ergreifender Zärtlichkeit zu mir. „Sieh, Murthy, das höchste Ziel auf dem spirituellen Weg ist es, Gott in allen Wesen und in jedem Atom des Universums zu erfahren. Das ist gemeint mit *‚vishvam vishnu svarūpam‘* oder *‚vāsudevah sarvamidam‘*. Dann wirst du die Einheit aller Existenz als fleckenlose, reine Liebe und Glückseligkeit erleben. Um das zu erfahren, solltest du zuerst Gott in deinem Inneren erfahren. Du brauchst nirgendwo hinzugehen, um Gott zu suchen. Du bist auch Gott! Aber du musst dein Gemüt von allen Unreinheiten weltlicher Wünsche und Bindungen befreien. Die Wurzel aller Unreinheiten ist das Ego, das dich dazu veranlasst, dich mit deinem Körper zu identifizieren. Wenn der Geist gereinigt ist, wird er sich nach innen wenden und mit seiner Quelle – Gott oder *Atman* – eins werden.

Es gibt nur zwei Wege, um dieses Ziel zu erreichen, auch wenn sie viele verschiedene Namen haben. Der eine ist *Ātmavicāra* oder Erforschung des Wesens des *Atman*, und der andere *Ātmanivedana* oder

Selbsthingabe. Die meisten Menschen wählen den Weg der Selbsthingabe. Auf diesem Weg muss man mit Vertrauen beginnen, dann Hingabe entwickeln und alle Handlungen als eine Opfergabe an Gott durchführen. Um das Ziel zu erreichen, muss man sich nach Gott sehnen und sich nach ihm verzehren. Gott wird die Tränen, die man um seinetwillen vergießt, bald in Tränen der Freude über die Vereinigung mit ihm verwandeln!"

Was Anna da lehrte, war die Essenz aller spirituellen Literatur in der ganzen Welt.

Sechs Jahre, nachdem Anna diese Welt verlassen hatte und kurz bevor ich nach Prasanthi Nilayam übersiedelte, hatte ich einen sehr lebhaften Traum, in dem er erschien und mich aufrüttelte:

„Murthy, hast du unseren Traum von einer starken missionarischen Organisation, die jungen und selbstlosen Aspiranten als Zuflucht dienen und unser Land erheben soll, aufgegeben? ... Ich habe keinen Körper mehr, um diese Arbeit zu tun, aber du hast einen. Gib diesen Traum niemals auf; ich bin bei dir! Bete weiter zu Swami für die Erfüllung des Traumes!"

Ich habe für die Erfüllung dieses Traumes gebetet, bis zum heutigen Tag, und werde weiter beten und dafür arbeiten, wenn der göttliche Befehl kommt! Das ist der einzige Traum, den ich jetzt noch habe. Alle anderen Träume wurden durch Gottes Gnade erfüllt!

Wenn es Gottes Wille ist, werde ich die Meilensteine meiner Lebensreise nach 1983 in dem Buch „Sri Sathya Sai Divya Sannidhi" niederschreiben. Dies wäre auch ein Bericht über Swamis Herrlichkeit, wie ich sie erlebt habe.

Wenn er es will, würde ich auch gerne noch ein weiteres Buch schreiben, um mit den spirituell Strebenden, insbesondere mit der Jugend, die Geheimnisse der Beherrschung des Geistes zu teilen, wie auch die Techniken, wie man die Freude der Vereinigung mit dem Göttlichen erfährt – Dinge, die ich durch göttliche Gnade zu Swamis Lotosfüßen gelernt habe.

Hier folgen einige Anregungen, die selbst in dieser kurzen Form für Anfänger auf dem spirituellen Weg nützlich sein könnten:

1. Ein gesunder und kräftiger Körper ist für den spirituellen Fortschritt wichtig. Man muss den Körper kräftigen und ihn durch regelmäßige Körperübungen und gesunde Essgewohnheiten gesund erhalten; auch sollte man alle schlechten Angewohnheiten vermeiden, die den Körper schwächen. Alle Gewohnheiten, die den Körper schwächen, schwächen auch den Geist.

2. Mäßigung bei Nahrung, Schlaf und Tätigkeit helfen einem, auf dem Weg weiterzukommen. Extreme sollte man stets vermeiden. Der „Mittelweg" ist der goldene Weg im Leben eines Menschen.

3. Beherrschung der Sinne bedeutet nicht Unterdrückung der Sinne; es ist vielmehr die Fähigkeit, die Sinne in wünschenswerter Weise auf sinnvolle Aktivitäten auszurichten, die einen auf dem Weg weiterbringen. Um die Sinne beherrschen zu lernen, ist es gut, wenn man sich in nützliche Arbeiten vertieft.

4. Es ist für alle sehr wichtig, Gefühle der Hingabe zu Gott zu entwickeln und diese zu intensivieren. Wenigstens einmal täglich einen Ort, an dem man alleine ist, aufzusuchen und nach Gott zu weinen, bringt einen am besten voran. Sehr hilfreich sind Gebete und ununterbrochenes *Nāmasmarana*. Selbst wenn ununterbrochenes Beten und *Nāmasmarana* mechanisch geschehen, ist es immer noch besser, als es gar nicht zu tun. Am besten ist es natürlich, wenn man es mit einem tiefen Gefühl der Hingabe tut.

5. Es hilft auch, die eigene Hingabe zu intensivieren, wenn man über das Leben bedeutender Devotees und Heiliger liest, geistliche Musik hört und einige Zeit im Schoß von Mutter Natur verbringt und sich an der Schönheit der Schöpfung erfreut.

6. Swami sagt: **„Wo Vertrauen ist, ist Liebe. Wo Liebe ist, ist Frieden. Wo Frieden ist, ist Glückseligkeit. Wo Glückseligkeit ist, ist Gott."** Dies ist das einfachste Rezept für spirituellen Fortschritt. Festes Vertrauen ist die Basis für ein spirituelles Leben.

7. Der beste Weg, sich von Wünschen zu befreien, ist es, wenn man sie durch höhere Wünsche ersetzt. Was ein höherer und was ein niederer

Wunsch ist, hängt vom eigenen Entwicklungsstadium ab. Zum Beispiel ist für einen Drogensüchtigen der Wunsch nach einem schönen Körper ein höherer Wunsch, für einen ernsthaft nach Gott Strebenden jedoch nicht. Ähnlich wird ein junger Mann sich durch ein weltliches Ziel anspornen lassen, um seine schlechten Angewohnheiten zu überwinden, doch ein solcher Ehrgeiz würde einen ernsthaft Strebenden auf seinem Weg behindern. Selbstverständlich ist der höchste Wunsch der Wunsch nach Gott, und letztlich wird man alle anderen Wünsche durch den Wunsch nach Gott ersetzen müssen.

8. Der beste Weg, den Geist zu beherrschen ist es, wenn man dafür sorgt, dass er glücklich ist. Man muss immer vermeiden, in Verzweiflung und Mutlosigkeit zu versinken. Es gibt keinen Zweifel daran: Nur intensive spirituelle Glückseligkeit kann den Geist von seinem besessenen Streben nach sinnlichem Verlangen reinigen. Für einen Anfänger ist es jedoch unmöglich, den Geist ständig auf höchstem Niveau zu halten. Es gibt fünf Quellen des Glücks für den Menschen: Die niedrigste ist, sich sinnlichen Freuden hinzugeben, und die höchste, das Selbst zu erfahren. Zwischen diesen beiden gibt es noch drei weitere Formen des Glücks für den Menschen. Die erste ist das höhere physische Glücksgefühl, das durch Fitnesstraining, Sport und Wettspiele entsteht. Das zweite Glücksgefühl ist emotionaler Natur; es entsteht, wenn man gute Literatur liest, sich der Schönheit der Natur erfreut oder gute Musik hört. Andere lieben und von anderen geliebt zu werden, vermittelt großes emotionales Glück. Auch kreative Aktivitäten geben ein tiefes emotionales Glücksgefühl. Das dritte ist intellektuelles Glück, das durch ernsthaftes Studium und Forschung auf Gebieten wie Philosophie, Naturwissenschaften, Mathematik, Wirtschaftswissenschaft, Geschichte oder anderen Interessensgebieten entsteht. Es gibt auch einige einfache und harmlose Hobbys und Freuden, die verhindern, dass der Geist in Trauer und Hoffnungslosigkeit versinkt. Doch letztendlich muss man die Techniken lernen, durch die man vollständige Kontrolle über den Geist gewinnt und so spirituelle Freude empfindet.

9. Die Leute haben im Allgemeinen falsche Vorstellungen darüber, wie man feststellen kann, dass man spirituell Fortschritte macht. Es gibt vier voneinander abhängige Maßstäbe für wirklichen Fortschritt. Wir nennen sie das „A, B, C, D des spirituellen Fortschritts“.

A – **A**wareness of inner joy and selfless love – Gewahrsein der inneren Freude und selbstlosen Liebe.

B – **B**alance of mind or equanimity – Ausgeglichenheit des Geistes oder Gleichmut.

C – **C**ontrol of senses or **C**eiling on desires – Beherrschung der Sinne oder Begrenzung der Wünsche

D – **D**edication to the welfare of the world – Sich für das Wohlergehen der Welt einsetzen.

Möge Er uns zur letzten Glückseligkeit der Einheit mit Ihm führen!

Jai Sai Ram

Gebet

Wenn Du mich auf Deinen Flügeln
mit in den Himmel Deiner Herrlichkeit nimmst,
dann verleih mir die Demut,
dass ich mich vor Dir in allen Menschen verneige.

Wenn Du mich mit Deinen Füßen trittst,
um meine Unähnlichkeit mir Dir abzuschütteln,
dann gewähre mir den festen Entschluss,
voller Liebe an Deinen Füßen festzuhalten.

Wenn Du das Schwert ansetzt,
um meine Selbstsucht zu entfernen,
dann gib mir die Kraft,
mich Deinem Zorn zu unterwerfen.

Wenn Du mich hochhebst in die himmlischen Gefilde
und mich an Deine Brust drückst,
dann gib mir den Mut,
die Bindungen an die Erde zu durchtrennen.

Zu den Lotosfüßen

Glossar

abhaya, abhayahasta	Handgeste der Furchtlosigkeit; Segnungsgeste mit erhobener rechter Hand, wobei die offene Handfläche dem anderen zugewendet wird; ihre Bedeutung ist: „Fürchte dich nicht!“
amrita sinchan	eine Art Weihwassersegnung; Baba versprüht mit einem in Wasser getauchten Besen geweihtes Wasser.
ānandodaya	Dämmerung der Glückseligkeit.
anātha	ohne einen Herrn; Gott ist die einzige „herrenlose“ Person, denn niemand ist über ihm; er ist die Ursache aller Ursachen.
ārati	die Anbetung Gottes mit einer Kampferflamme.
Arjuna	Name eines der fünf Pāndava-Brüder, der im Mahabharata als Kriegsheld beschrieben wird. Er war ein Freund und Schüler *Krishnas*, eines göttlichen *Avatars*. *Krishna*, als sein Wagenlenker auf dem Schlachtfeld von Kurukshetra, erteilt ihm hier seine Belehrungen. *Arjuna* gilt als Beispiel eines spirituell Strebenden, durch den Gott die gesamte Menschheit belehrt.
arunodaya	Morgendämmerung, Tagesanbruch.
Ashram	(sanskr. āshrama) Aufenthaltsort eines Weisen oder Heiligen. Ein Zentrum für religiöse Studien mit Meditation.
ātmajyoti	das Licht des *Atman*.
Atman	(sanskr. ātman) die unsichtbare Grundlage, das wirkliche Selbst, die dem Menschen innewohnende Göttlichkeit, die Seele, welche die Wirklichkeit innerhalb der fünf Schichten darstellt, deren äußerste der Körper ist. Er ist der göttliche

	Funke im Innern, die allerinnerste, dem Menschen ureigene Realität.
ātmanivedana	Vertrauen in das Selbst; sich dem Willen der inneren göttlichen Gegenwart gänzlich anvertrauen; Zwiesprache mit dem Selbst.
ātmavicāra	Erforschung der Natur des *Atman*; Betrachtung über das Selbst, geistige Vertiefung, die zur Selbsterfahrung führt.
Avatar	(sanskr. avatāra) wörtl.: Herabkunft; das Erscheinen Gottes auf Erden in einer von ihm frei gewählten Form, was dazu dient, den Menschen den rechten Weg zu weisen. Es ist eine Inkarnation des göttlichen Bewusstseins auf Erden.
Bala Ganesha	der junge Ganesha, Ganesha als Kind.
bālvikās	(Hindi) abgeleitet von bāla vikāsa – das Erblühen, das Entfalten der Kinder.
Bālvikās-Lehrerin	Lehrkraft, die die Kinder im Sinne Sais zum Erblühen bringt, indem sie die menschlichen Werte in den Kindern fördert.
Bhagavadgita	Name eines Ausschnitts aus dem 13. Buch des Mahabharata-Epos. Die Gita, wie sie auch kurz genannt wird, ist ein philosophisches Lehrgedicht, das von vielen Menschen als heilige Schrift betrachtet wird und ihrem Leben als Richtschnur dient. In 18 Kapiteln (700 Versen) empfängt der Kriegsheld *Arjuna* von seinem göttlichen Wagenlenker *Krishna* angesichts der bevorstehenden Schlacht von Kurukshetra eine grundlegende Unterweisung über die Kunst des richtigen Lebens und Handelns, über den spirituellen Weg zu Gott.
bhagavān	erhaben, heilig; der Erhabene; ein Name für Gott, der seine unumschränkte Größe offenbart.
bhaktagresara	der größte aller Devotees.
bhakta parādhīna	der, der durch seinen Devotee gebunden ist.
bhakta sikhamani	das höchste Juwel aller Devotees.
bhaktavatsala	die Gotthingegebenen wie seine Kinder liebend, voller Zuneigung für die Verehrer seiend.

brahmācārya	eine Lebensform, in der man Ehelosigkeit, Keuschheit und Enthaltsamkeit lebt. Dies bezieht sich auf alle Aktivitäten der Sinne.
brahman	das Allumfassende; das Universelle; das alles durchdringende, göttliche, namenlose, formlose, ewig absolute, allem innewohnende Prinzip.
darshana	(in der modernen Aussprache: *darshan*); das Sehen, Schauen, Zeigen, Lehren. Gemeint ist meistens das Sehen einer heiligen Persönlichkeit.
dashamī	die zehnte Nacht der jeweils 14tägigen Mondphase.
dashāvatara	die zehn Avatare.
Dharmakshetra	Name von Sai Babas *Ashram* in Bombay; *Dharmakshetra* ist eine Bezeichnung für Kurukshetra, das Feld (kshetra), auf dem die Pāndavas mit den Kauravas kämpften, um die göttliche Ordnung (dharma) wiederherzustellen.
divya kripasraya	unter dem Schirm der göttlichen Gnade.
divya sannidhi	in der göttlichen Gegenwart.
drishtidosha	der Fehler, Schlechtes zu sehen.
Dvāparayuga	Bezeichnung des dritten Zeitalters (yuga), des kupfernen oder bronzenen Zeitalters, in dem nur noch ein geringer Teil des göttlichen Bewusstseins des Menschen lebendig ist.
Dvārakā	Name einer Hafenstadt an der indischen Westküste, in der Krishna lebte.
ekantavasa	Einsamkeit; Pflege der Einsamkeit; im Geist muss Einsamkeit vorherrschen, alle Bewohner des Geistes, d.h. Gedanken und Empfindungen, sollten hinauskomplimentiert bzw. vertrieben werden.
gurukula	das Haus des Lehrers, eine spirituelle Schule, in der die Schüler bei ihrem Lehrer leben.
gurupūrnimā	wörtl.: „die Lichtfülle des Lehrers“; gemeint ist die hellste Vollmondnacht des Jahres (= erste Vollmondnacht im Juli). Dies ist der Tag, an dem speziell der spirituelle Meister, der die Dunkelheit vertreibt, verehrt wird.

harijan	„Gottes Kinder", dies ist der Name, den Gandhi den Unberührbaren gab.
harikathā	Geschichte, die sich mit den Taten Gottes beschäftigt.
indriyanigraha	Beherrschung der Sinne.
jagadguru	Lehrer der Welt, Weltenlehrer.
jnāna	Wissen, Weisheit, Verständnis, Erkenntnis; spirituelle Einsicht; universelle Weisheit.
jnānayoga	der geistige Weg der Erkenntnis. Im *Jnānayoga* muss die Unwissenheit vollständig überwunden werden. Die Meditation des Praktizierenden richtet sich dabei auf das eigenschaftslose *Brahman*, mit dem das innere Selbst *(ātman)* identisch ist.
Kabīr	Name eines nord-indischen Mystikers und Dichters (ca. 1440 – 1518).
Kaliyuga	das eiserne Zeitalter, das vierte nach der indischen Zeitrechnung. In diesem letzten der vier Weltzeitalter erreicht das soziale und geistige Leben den Tiefpunkt, d.h. nicht nur die spirituellen Aktivitäten werden vernachlässigt, sondern das soziale Leben gerät im Ganzen aus den Fugen. Selbst der Familienzusammenhalt geht verloren, so dass schließlich jeder gegen jeden kämpft.
kalyana mantapam	Halle für Hochzeitsfeiern, u.a.
kāmaputra	ein Sohn, der erwünscht ist, der aus Zuneigung geboren wurde.
kamini-kanchana	„Frauen" und „Gold"; sie symbolisieren die Sehnsucht des Mannes nach sinnlichen Wünschen und die Gier nach Reichtum.
Karma	(sanskr.: karman) Tat, Handlung, Aktivität.
karmabhūmi	Land, dessen Bewohner sich spirituell motiviertem Tun widmen.
karmayoga	Yoga des Handelns; dies ist einer der vier Haupt-Yogas, dessen Schwerpunkt selbstloses Tun ist, bei dem der spirituell Strebende jede Handlung und ihre Früchte Gott als Opfer darbringt.

Krishna	Name einer vollkommenen Inkarnation Gottes. Er soll in der Übergangszeit zum *Kaliyuga* (ca. 3100 v. Chr.) auf der Erde geweilt haben.
Kritayuga	Name des ersten im Zyklus der vier Weltzeitalter; es ist das Zeitalter der größten Vollkommenheit und entspricht dem goldenen Zeitalter der Griechen.
kriyādosha	falsches Handeln.
kshetra adhidevata	der auf dem Schulgelände verehrte Hauptgott.
līlā	göttliche Tätigkeit, göttliches Spiel. Das gesamte Universum ist der Schauplatz für die *Līlās* des Herrn, die Erschaffung, Erhaltung und Auflösung umfassen.
līlākshetra	das Feld, der Schauplatz, wo die göttlichen Spiele stattfinden.
lokanātha	Herr des Universums.
mahāsamādhi	die vollständige Erfahrung der absoluten Wirklichkeit.
mahāshivarātri	das große Shivarātri-Fest; die Nacht des dunkelsten Neumonds des Jahres (meist im Februar oder März), die Shiva geweiht ist. Diese Nacht sollte der spirituellen Aktivität gewidmet sein, d.h. der Meditation, dem Gebet und dem Singen von Bhajans.
mahima	Herrlichkeit, Wunder.
mandir	Wohnort, Haus; Tempel, heiliger Ort, Gebetshalle.
manodosha	ein fehlerhafter Geist.
manonāshana	Überwindung des Geistes.
moksha	Befreiung, Erlösung.
mūrti	Form, Gestalt; Figur, Götterbild; Verkörperung.
mutt	Kloster, *Ashram*.
nadaswaram	indische Musik-Gruppe, die zu besonderen Festlichkeiten aufspielt.
nagarasamkīrtana	Singen des Namens Gottes in der Stadt, Öffentlichkeit; dies wird von Gruppen insbesondere in den frühen Morgenstunden etwa von 4.30 bis 5.00 Uhr praktiziert.

namaskāra	eine Grußform; zwei Personen legen die Innenflächen ihrer Hände zusammen und halten sie vor die Brust, nahe der Herzgegend und begrüßen sich mit *Namaskār(a)* – „Verneigung vollziehe ich." In einem tieferen Sinn meint der Gruß die Berührung der Lotosfüße des spirituellen Meisters; symbolisch wird dem Herrn das Ego zu Füßen gelegt.
nāmasmarana	Erinnerung an den Namen Gottes; das Erinnern, Rezitieren, Wiederholen, das Sich-unaufhörlich-in-Erinnerung-Rufen des Namens des Herrn.
navarātri	auch Dasara genannt; ein Zeitraum von 9 Nächten; Name eines Festes für Durgā, welches die ersten 9 Nächte des Monats Ashvini (September–Oktober) umfasst.
padanamaskar	Verehrung der Lotosfüße, Verneigung vor den Lotosfüßen eines Heiligen.
pashcāttāpa	die Pein; der Schmerz, der danach kommt; Reue.
prajnāna	höchste Weisheit.
prakriti	Natur; objektive Welt.
prasadam	gesegnete Speise.
Prasanthi Nilayam	Ort des höchsten Friedens; Name des Haupt-*Ashrams* von *Shrī* Sathya Sai Baba, der an seinen Geburtsort Puttaparthi angrenzt (im südindischen Andhra Pradesh ca. 160 km nördlich von Bangalore).
prema	Liebe, reine Liebe, Liebe ohne den Makel der Bindung; Liebe, die unwandelbar, aufrichtig und rein ist; unbefleckte, unerschütterliche, allumfassende Liebe für alle Wesen; selbstlose, bedingungslose Liebe.
premaputra	ein Lehrer sollte seinen Schüler lieben wie seinen eigenen Sohn.
premayoga	der Yoga, der auf der Liebe zu Gott beruht.
pūjā	Verehrung, Zeremonie, Gottesdienst; Ritual. In Indien gibt es zahlreiche Formen von *Pūjās*, die dem spirituellen Meister oder Gott in einer be-

	stimmten Gestalt gewidmet sind. Meist werden dabei Früchte, Blumen, Räucherwerk u.a. geopfert.
pūrnakumbha	eine vedische Willkommenszeremonie mit einem geschmückten, silbernen Wasserkrug.
pūrnāvatāra	eine göttliche Inkarnation, die alle Füllen des Herrn manifestiert, die nicht nur eine Teilmanifestation darstellt.
purusha	das höchste Wesen, göttliche Persönlichkeit.
pūrvatāpa	„die Pein, die vorher da ist"; Bezeichnung für das unangenehme Empfinden, welches da ist, wenn man nicht jedem Handlungsimpuls unmittelbar folgt, sondern die Handlung gründlich bedenkt und abwägt.
Ramakrishna Paramahamsa	Name eines bedeutenden Heiligen aus Bengalen (1836– 1886). Sein berühmtester Schüler war *Vivekananda*, der Begründer der *Ramakrishna*-Mission. Beide betonten insbesondere die innere Einheit der Religionen.
rāmanavamī	Rāmas Geburtstag, der am 9. Tag des Monats Chaitra (März/April) gefeiert wird.
Ramayana	(sanskr. rāmāyana) die Geschichte, der Lebenslauf von Rāma; Name eines Epos der Sanskrit-Literatur.
sādhaka	ein Strebender, ein Schüler, ein Gottsuchender, der sich ernsthaft um Fortschritt bemüht; der sich darin ubt, seinen Egoismus und seinen Besitztrieb zu meistern, das Gefühl von „Ich" und „Mein" zu überwinden und der dabei ist, sich aus den Fesseln des Materiellen zu lösen.
sādhana	spirituelle Praxis, spirituelle Übungen.
Sadhu	(sanskr.: sādhu) ein tugendhafter Mensch, ein Weiser, ein Hingegebener, ein Heiliger; oft handelt es sich um einen Menschen, der die Lebensweise des Mönches gewählt hat.
sambhāshana	Gespräch, Unterredung; das gemeinsame Sprechen.
samnyāsin	ein Mensch, welcher der Welt entsagt hat und in völliger Besitzlosigkeit lebt; er ist nicht mehr Teil

der Gesellschaft, transzendiert also die sozialen Funktionen und ist nur auf die Verwirklichung der Befreiung *(moksha)* ausgerichtet. Gott zu suchen und zu finden ist seine Bestimmung.

samsāra — weltliches Leben mit Bindung an Familie; Wanderung; Kreislauf, die Flut des Wandels; die objektive Welt, die weltliche Existenz, der Prozess des Lebens, der sich in Zeit und Raum verändert und wendet; *Samsāra* bezeichnet insbesondere den endlosen Kreislauf von Geburt und Tod, in dem der Mensch bleibt, solange er sich mit dem Körper und dem Handeln identifiziert, d.h. solange er in Nichterkenntnis seiner wahren Identität lebt und die geistig-göttliche Realität nicht erkannt hat.

satsanga — Gemeinschaft, Gesellschaft der Guten, der Gotthingegebenen, der Weisen; gute Gesellschaft oder guter Umgang; Kontakt mit weisen und tugendhaften Menschen.

satyanārāyana — Gott, der Wahrheit ist.

seva — Dienst, Hilfe, selbstloser Dienst; Dienst am Nächsten.

seva bhagyam — das Glück, Gott zu dienen.

shankranti — Sonnwendfest am 14. Januar.

shīla — Charakter, Natur, Verhalten; tugendhaftes Verhalten.

shivarātri — die Nacht Shivas; die Neumondnacht, die Shiva heilig ist und mit spiritueller Aktivität verbracht werden sollte.

shivashaktisvarūpa — Verkörperung von Shiva und Shakti, dem männlichen und weiblichen Aspekt Gottes.

shravanadosha — der Fehler, Schlechtes zu hören.

Sri Sathya Sai Seva Samiti — Sri Sathya Sai Organisation für selbstloses Dienen.

siddhi — mit dem Begriff *Siddhi* werden in den Yogasūtras von Patanjali Fähigkeiten bezeichnet, die über die üblichen Fähigkeiten des Menschen hinausgehen und daher oft als wunderbar be-

	schrieben werden. Für den Yogi sind diese Kräfte nichts Übernatürliches, sondern Teil der Schulung. Der Praktizierende sollte sich allerdings hüten, sich an diese Fähigkeiten zu binden, denn dann werden sie zu Hindernissen auf dem spirituellen Weg.
sparshana	Berührung, Kontakt; der Kontakt mit dem Göttlichen.
sujnāna	richtige, gute Erkenntnis; Weisheit.
Swami	Herr, Meister, Eigentümer; selbstverwirklichter Meister; Ehrentitel für spirituelle Persönlichkeiten.
tapobhūmi	spiritueller Platz, Ort.
tattvajnāna	die Erkenntnis des Wesenhaften.
Tretāyuga	das zweite der vier Weltenzeitalter.
Trust	hier: Stiftung; Treuhandgesellschaft.
Tukārām	Name eines religiösen Dichters und Heiligen (1608 – 1649), der im westlichen Indien lebte und seine inneren Erfahrungen in der Marāthī-Sprache ausdrückte.
tyāgabhūmi	Land der Opferbereitschaft.
tyāga jīva	jemand, der sein Leben in Opferbereitschaft verbringt.
Tyāgarāja	Name eines Heiligen, der seine Lieder in Telugu dichtete; diese werden wegen ihrer Zartheit und Feinheit hoch geschätzt und verehrt und noch heute vielfach gesungen.
Upanishad	Bezeichnung einer Klasse heiliger Schriften, die den Schluss des offenbarten Teils der Veden und die hauptsächliche Basis des Vedanta bildet.
vācdosha	der Fehler, das Falsche, etwas Schlechtes zu sagen.
vāsanākshaya	Beseitigung sinnlicher Wünsche.
vāsudevah sarvam idam	all dies (das manifestierte Universum) ist Vāsudeva (Gott).
Venkateshvara	der Herr von Venkata; ein anderer Name für Vishnu, dessen berühmter Schrein in Tirupati steht.

vibhuti	Bezeichnung für heilige Asche, welche ein Ausdruck göttlicher Gnade ist und zur Heilung von körperlichen und geistigen Krankheiten benutzt werden kann. *Vibhuti* ist ein Symbol für die letztendliche Realität, die übrigbleibt, wenn die Begrenzung des Ichs durch das Feuer der Erleuchtung weggebrannt wird.
vidya ganapati	Ganesha der Weisheit.
vishvam vishnu svarūpam	Das Universum ist die Verkörperung Vishnus (Gottes).
Vitthala	ein Name für *Krishna* in seiner Erscheinungsform in der Stadt Pandharpur.
Vivekananda	Name des bedeutendsten Schülers von *Ramakrishna Paramahamsa*; er lebte von 1862 – 1902 und war einer der ersten, der die westliche Welt auf die Spiritualität Indiens aufmerksam machte.
vyakti	Offenbarung, Manifestation; wahre Natur. Der Mensch sollte seine verborgene Göttlichkeit offenbaren, die Kraft, die in ihm ist, die göttliche Energie, die ihn motiviert, ausdrücken und im Leben verwirklichen.
vyaktinātha	der Herr der Individuen.
yantra	ein Werkzeug, Instrument, das einem zu Erfolg verhilft.
yogabhūmi	das Land des Yoga.
yogeshvara	der Herr des Yoga, ein Name für Shiva.
Yogi	ein auf Gott ausgerichteter Mensch, der sein ganzes Leben in den Dienst des Höchsten stellt.